単位が取れる
量子化学
ノート

福間智人

Chihito Fukuma

まえがき

　本書は、〈単位が取れるシリーズ〉の1冊であり、量子化学の入門書です。量子化学は化学の1分野で、量子力学の化学への応用を内容としています。「量子化学」という名称には、あまり馴染みのない学生諸君が多いかもしれません。でも、原子の構造の学習に際して、s軌道、p軌道などの原子軌道を覚えませんでしたか？　そのとき、「波動関数」、「シュレーディンガー方程式」といった用語を耳にしたのではないですか？　大学初年級で学習するこれらの事項は、実は量子化学の内容なのです。

　量子化学の基礎となる物理学である量子力学は、特に初学者にとっては、やや難解であるといわざるを得ません。そのため、特に化学の講義としては、原子軌道などを「わけがわからないまま覚えさせられる」ことが多いようです。きちんと理解してもらうとなると、「ちょっと面倒」なのですね。

　しかし、量子化学は、化学、物理学はもとより、生物学、工学、薬学、医学その他、現代科学のあらゆる分野で必須の知識となっています。このような時代にあって、量子化学の基本をきちんと理解しておくことは、望ましいことを超えて、是非とも必要なことだと考えます。

　ただ、先に述べたように、量子化学の内容は易しいとはいえません。初めから厳密に取り扱い過ぎると、わけがわからなくなってしまう人が多数生じてしまうに違いありません。わからなければ、量子化学を好きにもなれず興味もわいてこないのが通常でしょう。そこで、執筆にあたっては、できるだけ「読者にとってわかりやすい本」となるよう強く心がけました。

　私は、予備校講師の立場にあります。もちろん、予備校講師は化学の専門家とは異なり、学問研究をしているわけではありません。一方で、「どうすれば、自分の説明が相手に伝わるか」については、気を配り工

夫を続けています。その意味で，「わかりやすさ」という点で，専門家の書かれた本とは，(願望も込めて)差異化された本になったのではないかと思っています。

　読者の多くは，量子化学分野の専門家になるわけではないでしょう。各自の取り組みたい研究や就きたい仕事があり，それに役立たせるために(もちろん，単位を取るために)この本を手にしている人が大多数なのだと思います。そのような人は，本書の内容を一通り理解してもらうだけでも，十分将来の役に立つことでしょう。単位が取得できることは，もちろん当然です。

　それに加えて，本書で量子化学の基本を理解し，さらに興味がわいて，厳密さや発展的内容を求めたくなったときには，専門家が書かれた専門書にあたって勉強して下さい。幸い，書店の自然科学コーナーに行けば，量子化学分野の専門書を数多く見出すことができるでしょう。

　なお，高校時代に物理をほとんど学習していない学生がいることを考慮して，「物理の simple reference」という付録をつけました。該当する人は，最初に目を通しておくと本文が理解しやすくなります。

　最後に本書の企画から編集まで，いつも丁寧に応対して下さり，終始お世話になった講談社サイエンティフィクの三浦基広氏に心からのお礼を申し上げます。

2004年

福間智人

目次

単位が取れる量子化学ノート CONTENTS

PAGE

講義 01 量子化学を学ぶ前に …… 10
- 道案内……10
- 原子の構造……10
- 電子軌道……11
- 電子殻……12
- 原子間の結合……14
- 分子の電子式と構造式……15
- 共鳴……16
- 分子の形を決める要因……17
- 分子の形の予想……18
- ◆演習問題……20

講義 02 前期量子論 …… 22
- 道案内……22
- 古典物理学との矛盾……23
- 水素原子のスペクトル……23
- 量子力学の必要性……25
- 前期量子論……26
- ◆実習問題……29

講義 03 量子力学とシュレーディンガー方程式 …… 32
- 道案内……32
- 量子力学の創出……33
- ド・ブロイの物質波……33

ド・ブロイの着想……34
シュレーディンガー方程式……36
定常状態のシュレーディンガー方程式……37
◆演習問題……39

講義 04 波動関数 ㊷

道案内……42
波動関数の意味……42
確率分布……43
波動関数の規格化……45
物質波の干渉……46
◆実習問題……48
再び定常状態の意味について……50

講義 05 箱の中の自由粒子と調和振動子 ㊾

道案内……52
1次元の箱の中の自由粒子……53
シュレーディンガー方程式を解く……54
結果の考察……57
◆演習問題……61
1次元調和振動子……63
分子振動……65

講義 06 回転運動と角運動量 …68

道案内……68
極座標……69
◆実習問題……70
シュレーディンガー方程式を極座標で表す……73
方程式の解（球面調和関数）……73
角運動量……75
◆演習問題……76
角運動量の量子化……78
分子回転……80

講義 07 水素様原子 …82

道案内……82
水素様原子……83
原子軌道……84
エネルギー準位……85
◆演習問題……86
原子軌道の動径依存性……87
◆実習問題……89
原子軌道の角度依存性……91

講義 08 多電子原子 …94

道案内……94
多電子原子のシュレーディンガー方程式……94
独立電子近似……96
◆演習問題……97

多電子原子の原子軌道……98
電子スピン……99
パウリの排他原理……101
構成原理……102
◆演習問題……103

講義 09 変分法 ●106

道案内……106
分子軌道……107
変分原理……108
線形結合の方法（リッツの変分法）……109
永年方程式……111
永年方程式の解……113
◆実習問題……114

講義 10 水素分子イオンの分子軌道 ●116

道案内……116
水素分子イオン……117
分子軌道の形成……119
原子どうしを結びつける力……120
結合性軌道と反結合性軌道……122
◆演習問題……124

講義 11 軌道間相互作用 ……126

道案内……126
軌道の重なりと相互作用の関係……126
種々の軌道間相互作用……128
◆演習問題……130
相互作用における軌道の混合割合……132
軌道エネルギーの差と相互作用の関係……133
◆演習問題……134

講義 12 分子軌道法の応用 ……136

道案内……136
分子軌道の構成法……136
結合次数……138
等核二原子分子の軌道間相互作用……139
等核二原子分子の分子軌道……140
$3\sigma_g$ 軌道と $1\pi_u$ 軌道の関係……142
O_2 分子の分子軌道……144
◆演習問題……145
異核二原子分子の分子軌道……146
フロンティア軌道……148

講義 13 混成軌道 ……150

道案内……150
不対電子と化学結合の形成……151
軌道の混成……152
sp 混成軌道……153

sp^2 混成軌道……154
sp^3 混成軌道……156
留意事項……158
◆実習問題……159
◆演習問題……162

講義 14 π電子共役系　164

道案内……164
共役二重結合……164
共役と共鳴……166
ヒュッケルの分子軌道法……166
エチレンの分子軌道……167
◆演習問題……169
ベンゼンの電子状態……171
◆実習問題……174

付録　物理のsimple reference　176

ニュートンの運動方程式……176
運動量……177
角運動量……177
クーロンの法則……178
エネルギー……179
運動エネルギー……179
重力のポテンシャルエネルギー……180
電気力のポテンシャルエネルギー……181
単振動……181
波動……183
電磁波……184

ブックデザイン——**安田あたる**

講義 LECTURE 01 量子化学を学ぶ前に

● 道案内

　量子化学とは，量子力学の化学への応用を指します。量子力学は物理学の一分野であって，量子化学を学ぶには量子力学の知識が前提となります。もちろん，「量子力学なんてほとんど知らないよ」という人も多いでしょう。そこで本書は，量子力学の基礎も同時に学んでもらえるように構成されています。

　一方，量子化学も「化学」の一分野ですから，量子化学を学ぶ上で「化学」の基礎知識も必要となります。そこで初回の講義では，原子の構造と分子の構造を簡単にまとめておきましょう。これからの講義に必要な基礎知識ですので確認をしてください。量子化学の学習の準備として気楽に読み流してもらえれば結構です。分子の形を予測する手段であるVSEPRの方法は，利用できるように覚えておいてください。

● 原子の構造

　あらゆる物質は，**原子(atom)** が集合してできています。原子には100ほどの種類があって，その構造は種類によって細部が異なります。しかし，大まかな構造はすべての原子に共通します。

　すべての原子に共通する構造とは，その中央に**原子核(atomic nucleus)** があり，核のまわりに**電子(electron)** が分布している構造です。そして，たいていの原子核は正電荷をもつ**陽子(proton)** と，電荷をもたない**中性子(neutron)** とからなっています。また，電子は負電荷をもっています(図1.1)。

　電気量は，クーロン(C)という単位で表現しますが，陽子は＋

$1.602×10^{-19}$ C，電子は$-1.602×10^{-19}$ C の電荷をもつと測定されています。陽子と電子のもつ電荷は大きさがまったく同じで符号のみが異なっています。原子中の陽子数と電子数は同じですから，原子は全体として電気的に中性になっているのです。

原子を構成している粒子である陽子，中性子，電子の各質量は表1.1にまとめてあります。電子の質量が非常に小さいことがわかるでしょう。陽子と中性子の質量は電子よりはずっと大きく，どちらもだいたい同じ値です。これらのことから，原子の質量を決定しているのは陽子と中性子ということになります。

原子の大きさはどうでしょうか。もちろん原子の種類によってその大きさはいくらか異なるのですが，どの原子も直径 10^{-10} m ぐらいの球状であることがわかっています。原子核の大きさは，原子のさらに1万分の1程度しかありません。原子の大きさは，原子核の構成で決まっているのではなく，電子の存在領域によって決まっているのです。

図1.1●原子の構造

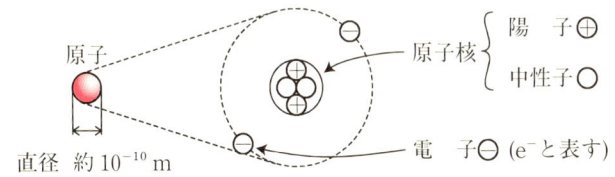

表1.1●原子を構成している粒子

粒　　子		電気量(C)	電　荷	質量(g)	質量比
原子核	陽　子	$+1.602×10^{-19}$	$+1$	$1.673×10^{-24}$	1840
	中性子	0	0	$1.675×10^{-24}$	1840
電　子		$-1.602×10^{-19}$	-1	$9.109×10^{-28}$	1

●電子軌道

それでは，電子はどのように分布しているのでしょうか。「電子の分布」をきちんと考えるには量子力学が必要であり，まさにこの本の題材

そのものです。本格的な考察は後の講義で行うとして，ここではこれからの学習の前提となる簡単なモデルで考えておきましょう。

最も簡単なモデルは，「原子核のまわりを負電荷をもつ電子が回っている」というモデルです。もう少し複雑な(より正確な)ものとしては，「原子には，電子がその状態に応じて入る部屋のようなものが存在する」というモデルがあります。この部屋を**電子軌道(electron orbit)**とよびましょう。電子はこの電子軌道の中を動き回っているのです(図1.2)。

図1.2●電子軌道

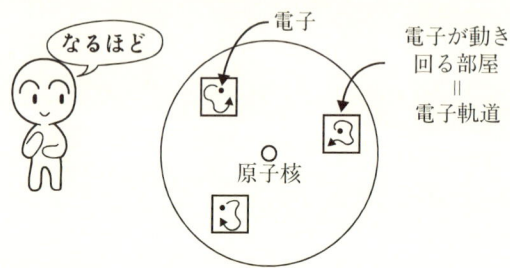

電子軌道にはいくつかのタイプがあります。タイプによって部屋の形，つまり，電子が動く領域が異なります。代表的な電子軌道である**s軌道，p軌道，d軌道**の形をみておきましょう(図1.3)。s軌道は球形の部屋になっています。p軌道は鉄アレイのような形をした部屋で，3個でワンセットです。d道はより複雑な形をしており5個でワンセットです。

これら電子軌道の正しい意義や，軌道のモデル図の正しい意味は後の講義で明らかにされます。ひとまず，その名称と形の特徴を覚えておいてください。

●電子殻

原子には，電子がその状態に応じて入る電子軌道とよばれる部屋が存在することを学びました。この電子軌道の集まりとして**電子殻(electron shell)**を考えることができます。電子殻には，原子核に近い方から**K殻，L殻，M殻**，…と名前がついています(図1.4)。

図1.3● 軌道の形

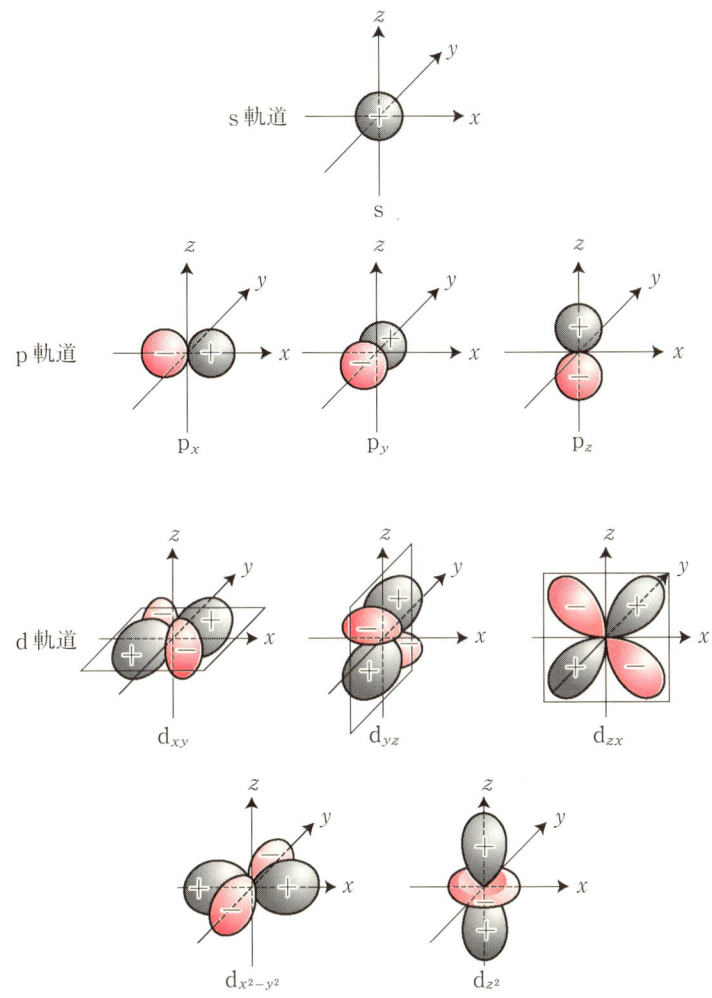

　原子核に最も近いK殻は，1s軌道という電子軌道だけからなっています。L殻は2s軌道と2p軌道3個から構成されています。M殻は3s軌道と3p軌道3個と3d軌道5個から構成されています。s,p,dの前にある1,2,3という数字は，内側から何番目の電子殻に属するかを表します。K殻なら1を，L殻なら2を，M殻なら3をあてるわけです。

　ポテンシャルエネルギーの最も低い状態を**基底状態(ground state)**

といいますが，基底状態の原子では原則として内側の殻から順番に電子が配置されます。たとえば，基底状態の水素原子中の電子はK殻に配置されています。なお，基底状態よりもエネルギーの高い状態は**励起状態**(excited state)といいます。

電子殻と電子軌道の関係も後の講義でだんだんと明らかになってきます。いまのところは，図1.4の表を覚えておきましょう。

図1.4●電子殻と電子軌道の関係

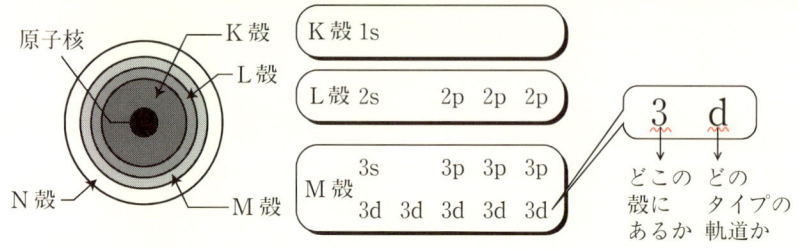

●原子間の結合

希ガスを除けば，通常原子はバラバラの状態では存在せず，他の原子と結びついています。この原子間の結びつき，すなわち原子間の結合について確認しましょう。

原子の電子式を描いたとき，対になっていない電子を**不対電子**(unpaired electron)といいます。一般に原子どうしは不対電子を出し合い，これを共有することにより結合します。この結合が**共有結合**(covalent bond)です。共有されている電子対を**共有電子対**(bonding pair)といい価標(－)で表します(図1.5)。共有されていない電子対は**非共有電子対**(nonbonding pair または lone pair)といいます。

「なぜ，電子を共有することによって原子どうしが結びつくのか」という疑問に答えるためには，やはり量子力学的な扱いが必要です。これも本書の大きな題材の1つです。

図1.5● 共有結合

共有結合　A⦿ + ⦿B ⟶ A⦿⦿B （A—Bと表す）
　　　　　　不対電子　　共有電子対

●分子の電子式と構造式

　分子の構造と性質を検討するには，基本的な分子の電子式および構造式を描けなければなりません。分子の電子式の描き方を確認するため二酸化炭素 CO_2 の電子式をつくってみましょう。

　まず，各原子の電子式を描きます。

$$\ddot{\underset{..}{O}}\cdot \quad \cdot \dot{C}\cdot \quad \cdot\ddot{\underset{..}{O}}$$

　各原子は不対電子を出し合い，それを共有することで安定な状態を形成します。そして，一般に各原子のまわりに8個の電子が存在する状態が安定なのです。これは，化学的に非常に安定な元素である希ガス原子の電子配置に共通します。

　このことから，各原子の**価電子**(valence electron)をすべての原子のまわりに8個の電子が存在するよう配置すれば，正しい電子式が完成することになります。電子式の共有電子対を価標(−)で示した図を**構造式**(structural formula)といったり**ルイス構造式**といったりします。

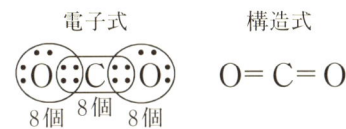

　同様な方法で，様々な分子の電子式と構造式が描けます。分子中の各原子のまわりに，いつも8個(Hは2個)の電子を配置することに注目しましょう(表1.2)。

　表中の H_2 分子は，原子が1組の共有電子対で結ばれています。このような結合は**単結合**(single bond)といいます。一方，O_2 分子や CO_2 分子では原子が2組の共有電子対で結ばれており**二重結合**(double

表1.2● 電子式と構造式

分　子	水素 H_2	酸素 O_2	窒素 N_2	二酸化炭素 CO_2
電子式	H:H	:Ö::Ö:	:N⋮⋮N:	:Ö::C::Ö:
構造式	H―H	O=O	N≡N	O=C=O

bond)をしています。N_2分子の結合は3組の共有電子対によっているので**三重結合(triple bond)**です。

●共鳴

同一分子について何通りかのルイス構造式が描ける場合があります。このときの1つ1つの構造式は**極限構造(canonical structure)**または**共鳴構造(resonance structure)**とよばれています(図1.6)。そして，実際の分子はこれらの極限構造が重ね合わされた**共鳴混成体(resonance hybrid)**として理解されます。

図1.6● (a)オゾン O_3 と(b)硝酸イオン NO_3^- の極限構造式

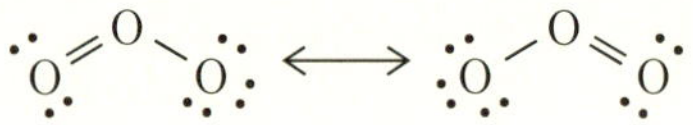

(a)オゾン O_3

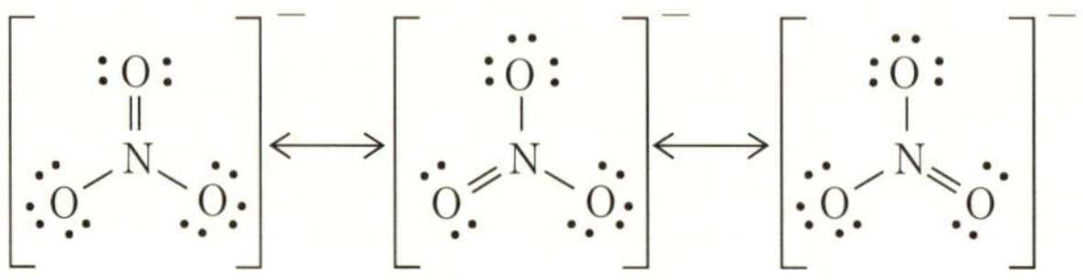

(b)硝酸イオン NO_3^-

一般に，共鳴が起きている共鳴混成体はエネルギー的に安定化されます。この共鳴による安定化エネルギーを**共鳴エネルギー(resonance energy)**といいます。共鳴によって安定化している分子としては，ベンゼンが特に有名です(図1.7)。共鳴や共鳴エネルギーについては，よくわからない人が多いと思いますが，これらについても，後に量子力学的に検討してみます。

図1.7●ベンゼンの共鳴

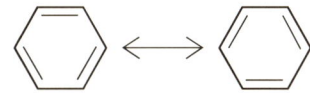

●分子の形を決める要因

最後に，分子の形を予想する手段を学んでおきます。さて，二酸化炭素 CO_2，ホルムアルデヒド HCHO，水 H_2O，アンモニア NH_3 の電子式と構造式はつぎのようになります（表1.3）。

表1.3●電子式と構造式

分 子	二酸化炭素	ホルムアルデヒド	水	アンモニア
電子式	:Ö::C::Ö:	H:C::Ö: H	H:Ö:H	H:N:H H
構造式	O=C=O	H | H−C=O	H−O−H	H−N−H | H

このような電子式や構造式だけをみると，すべての分子が平面的であるかのように思えます。しかし，電子式や構造式は実際の立体構造を表現したものではありません。実際には二酸化炭素 CO_2 は直線形，ホルムアルデヒド HCHO は平面形，水 H_2O は折れ線形，アンモニア NH_3 は三角錐形の分子なのです。

このような様々な分子の形を予想することは可能なのでしょうか。分子の形を決定している主な要因は，電子対どうしの反発です。電子対間の反発のために，電子対どうしができるだけ離れて存在しようとし，その結果が分子の形に反映されるのです。そこで，電子対間の反発を考えることで分子の形を予想することが可能となります。この考え方は，**VSEPR（原子価殻電子対反発理論）(valence-shell electron-pair repulsion theory)** とよばれています。

講義01●量子化学を学ぶ前に　　**17**

●分子の形の予想

分子の形を予想するVSEPRは，とても簡単で便利です。まずは，形を予想したい分子の電子式を描くことからスタートです(図1.8)。

図1.8●電子式

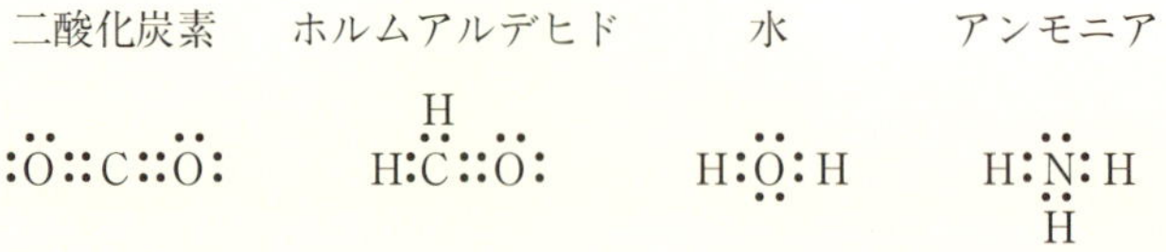

　　　　二酸化炭素　　ホルムアルデヒド　　　水　　　　アンモニア

$$\ddot{\ddot{\text{O}}}::\text{C}::\ddot{\ddot{\text{O}}} \qquad \text{H}:\overset{\text{H}}{\text{C}}::\ddot{\ddot{\text{O}}} \qquad \text{H}:\ddot{\underset{\cdot\cdot}{\text{O}}}:\text{H} \qquad \text{H}:\underset{\text{H}}{\overset{\cdot\cdot}{\text{N}}}:\text{H}$$

続いて，中心原子まわりの電子対間の反発を考えます。電子対が互いに反発して離れる結果，中心原子まわりの電子対の「方向数」とその立体的な配置にはつぎのような特定の関係が成り立ちます(表1.4)。

表1.4●電子対の「方向数」と立体配置

方向数	2方向	3方向	4方向
電子式	 (図)	 (図)	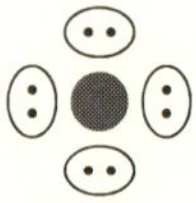 (図)
実際の立体的な配置	(図)	(図)	(図)
	直線形	正三角形	正四面体

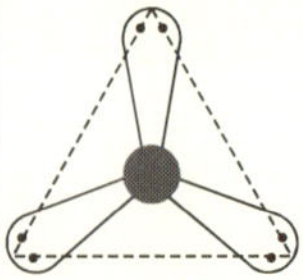

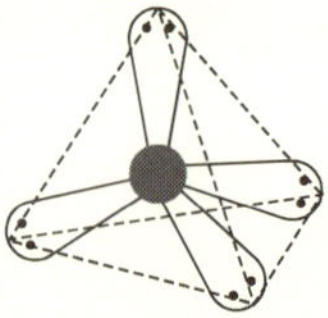

このとき，二重結合や三重結合の電子対も1方向とみなすことに気をつけてください。また，非共有電子対のことを考えるのを忘れないようにしましょう(図1.9)。

図1.9●電子対の方向数

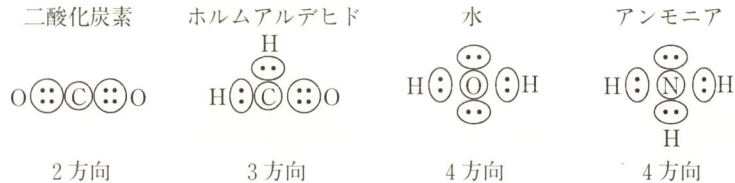

　二酸化炭素　　ホルムアルデヒド　　　水　　　　アンモニア
　　2方向　　　　　3方向　　　　　　4方向　　　　4方向

最後に，電子対を立体的に配置します。これで分子の形を予想することができました(図1.10)。VSEPRの利用法はぜひ覚えておいてください。後に混成軌道を学ぶ際にも利用することになります。

図1.10●予想される分子の形

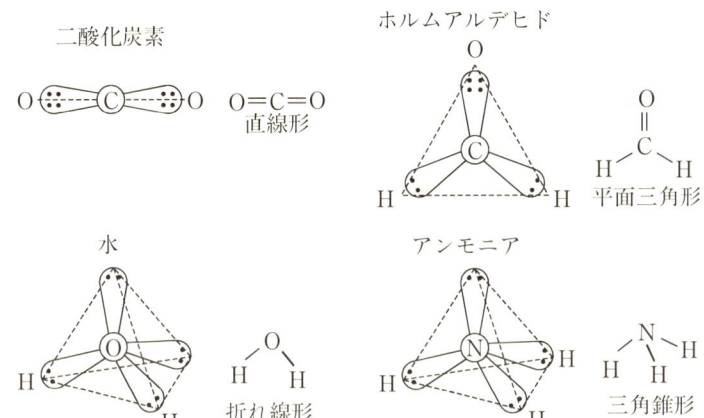

演習問題 1-1 (1)二酸化硫黄 SO_2，および(2)炭酸イオン CO_3^{2-} の共鳴構造式を描き，あわせて分子の形を予想せよ。

解答&解説 各原子の価電子を，すべての原子のまわりに8個の電子が存在するよう配置すれば，正しい電子式が完成するのでしたから，二酸化硫黄 SO_2，および炭酸イオン CO_3^{2-} の共鳴構造式はつぎのようになります(図1.11)。

図1.11●共鳴構造式

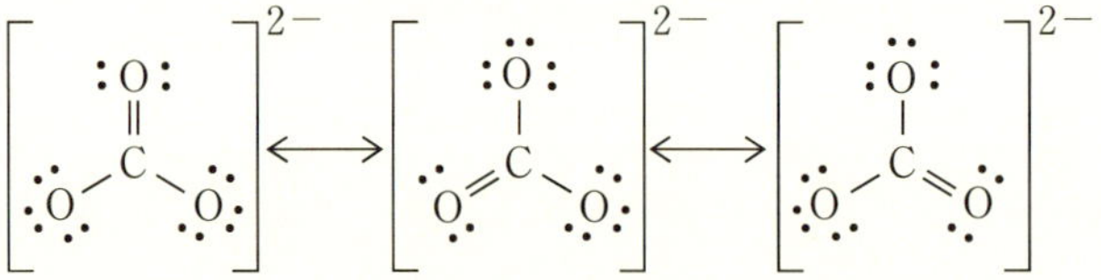

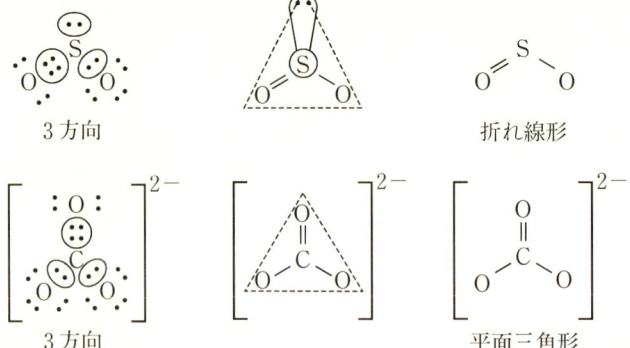

つぎにVSEPRを用いて分子の形を予想します(図1.12)。二重結合や三重結合の電子対も1方向とみなすこと，および，非共有電子対を忘れないことに注意しましょう。

図1.12●予想される分子の形

LECTURE 02 前期量子論

●道案内

　原子，分子などの「小さな(ミクロな)」世界，すなわち**微視的**(microscopic)世界の現象を理解するのに有効な物理学を**量子物理学**(quantum physics)といいます。これに対して**巨視的**(macroscopic)世界の現象の理解に有効な物理学は**古典物理学**(classical physics)とよばれます(図2.1)。

図2.1●巨視的世界と微視的世界

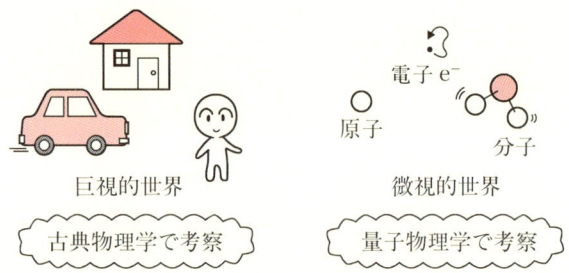

　古典物理学によっては，水素原子の発光スペクトルなどの微視的世界の現象をうまく説明することができません。原子のようなミクロの世界を考察するには**量子力学**(quantum mechanics)によらなければならないのです。

　今回の講義では，量子力学が創出される過程で過渡的に登場した理論である前期量子論を学びます。この前期量子論を学ぶ中で，少しでも「量子」という概念に慣れてください。それとともに化学の学習にあたって，量子力学が必須の道具であることを強く感じてもらえればと思います。

●古典物理学との矛盾

ラザフォードによって原子核の存在が確認されるなど，20世紀に入ると原子の基本構造が相当明らかになってきました。しかし，よく知られているような「原子核のまわりを負電荷をもつ電子が単純に回っている」という簡単な原子モデルに古典物理学を適用すると，実験事実と矛盾する結論に達してしまうのです。

たとえば，このモデルでは電子が加速度運動である円運動をしています。そして古典物理学にしたがうと，加速度運動する荷電粒子は電磁波を放射して徐々にエネルギーを失っていかなければなりません。つまり古典物理学にしたがえば，原子核のまわりを回っている電子は電磁波を放射して徐々にエネルギーを失っていき，その結果電子が原子核に落ち込んで最終的にはつぶれてしまうはずなのです(図2.2)。しかしこれは，実験事実とまったく矛盾することです。

図2.2●簡単な原子モデル

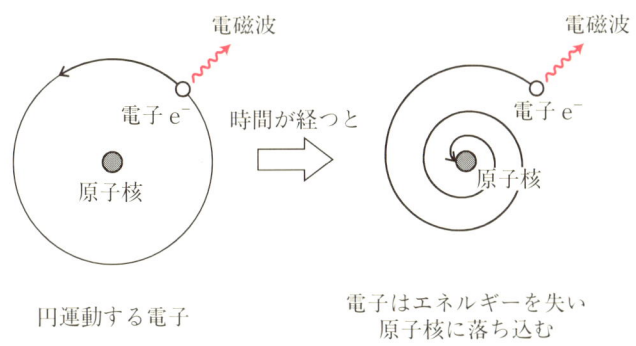

円運動する電子 / 電子はエネルギーを失い原子核に落ち込む

●水素原子のスペクトル

波長の異なる光を分離する操作を**分光**といい，分光をして得られた光の波長と強度の関係を表すグラフなどを**スペクトル**(spectrum)といいます(図2.3)。

先ほど，古典物理学にしたがえば，円運動をしている電子は電磁波を

図2.3 ●分光とスペクトル

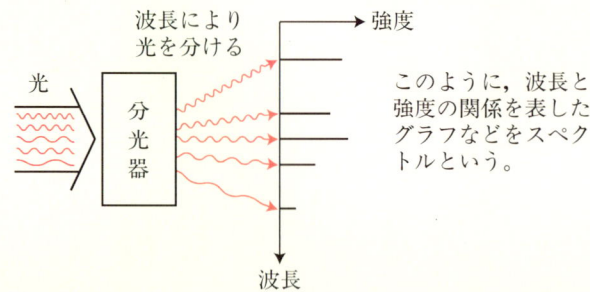

放射するはずだといいました。この場合，放射される電磁波のエネルギーはいろいろな値を連続的にとり得るでしょうから，放射される電磁波の波長は連続的なスペクトルとなるはずです。ところが，実際の原子から放射される電磁波の波長は，厳密に決まった特定の値しかとらず離散的なスペクトルになっているのです（図2.4）。これもまた，古典物理学からは理解し難い現象です。

図2.4 ●連続スペクトルと離散スペクトル

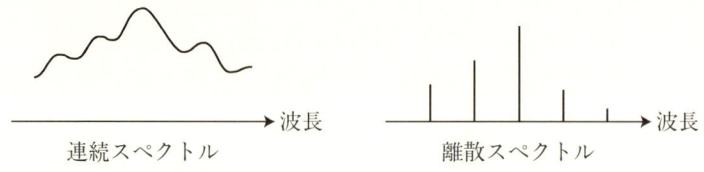

　離散スペクトルの例として，水素原子の**発光スペクトル**(emission spectrum)をみてみましょう。水素ガスに高電圧を加え放電させると，水素ガスが赤紫色の光を放つ発光現象が生じます。この場合に放射される電磁波は，いくつかの系列に分類することが可能です。これらの系列は，その発見者の名前をとって**ライマン系列**(Lyman series)，**バルマー系列**(Balmer series)，**パッシェン系列**(Paschen series)などとよばれています。図2.5から，水素原子より放射される電磁波は特定の波長のものだけであり，スペクトルが離散的になっていることがよみとれるでしょう。

　この水素原子の発光スペクトルについて，放射電磁波の波長 λ の値

図2.5●水素原子の発光スペクトル

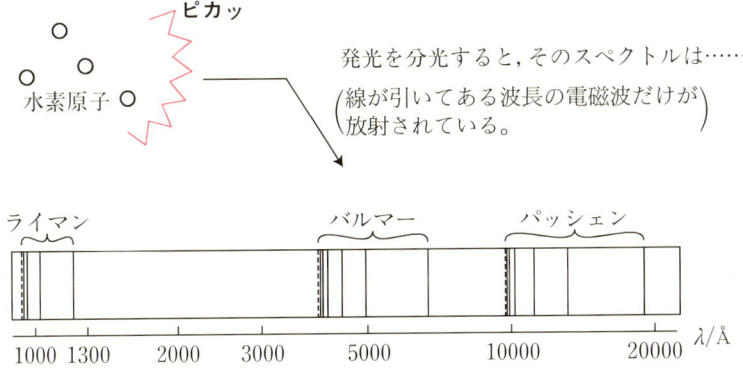

をさらに詳細に検討すると，興味深いことにλに関してつぎの**リュードベリの公式（Rydberg's formula）**が成立することがわかりました。

$$\frac{1}{\lambda} = R\left(\frac{1}{m^2} - \frac{1}{n^2}\right)$$

ここでm, nはそれぞれのスペクトル線に割り当てられる1組の自然数です。図2.5の「1本の線」に対して，1組の自然数が割り当てられるわけです。m, nのうちmについて，ライマン系列は$m=1$，バルマー系列は$m=2$というように系列ごとに決まった値となります（表2.1）。また，Rは**リュードベリ定数（Rydberg constant）**とよばれる定数です。

表2.1●リュードベリの公式とスペクトル線系列

系列	m	n
ライマン（Lyman）	1	$2, 3, 4, \cdots$
バルマー（Balmer）	2	$3, 4, 5, \cdots$
パッシェン（Paschen）	3	$4, 5, 6, \cdots$
ブラケット（Brackett）	4	$5, 6, 7, \cdots$
プント（Pfund）	5	$6, 7, 8, \cdots$

●量子力学の必要性

このように古典物理学による結論と実験事実との間にはいくつもの矛盾が生じてしまいます。古典物理学をそのまま適用していては，リュー

ドベリの公式が成立する理由を説明することもできません。

では，なぜこのような矛盾が生じてしまうのでしょうか。一言でその理由をいえば，「原子などの微視的世界の現象に古典物理学をそのまま適用することはできない」からなのです。原子，分子といったミクロな粒子を対象とするときは，古典物理学をそのまま適用するとしばしば実験事実と矛盾する結論が導かれてしまうのです。

原子の構造や発光スペクトルなどの問題は，微視的世界の物理学としての量子力学が創出されてようやく解決されることとなります。そして私たちが「化学」を学ぶ場合，その多くは原子や分子などの微視的世界の現象を考察対象とするわけですから，量子力学という物理学は「必携の道具」といえるでしょう。

● 前期量子論

「化学」にとって「必携の道具」である量子力学が創出される過程で過渡的に登場し，原子の構造や発光スペクトルなどの問題に一定程度の解決を与え，かつ量子力学創出への大きな指針を示すこととなったのがいわゆるボーアの**前期量子論**(old quantum theory)です。

ボーアは，前期量子論の中でつぎのような基本的な「仮定」をおきました。

❶ 原子が長時間とることのできる状態，すなわち**定常状態**(stationary state)は，特定のとびとびのエネルギー値に対応する状態のみに限られる。

❷ 2つの定常状態間を移り変わる，つまり**遷移**(transition)するときに吸収または放出される電磁波は，その振動数 ν が一定であり，その値はつぎの関係式

$$E'' - E' = h\nu$$

によって与えられる。ただし，h は**プランク定数**(planck's constant)とよばれる定数で，E' と E'' は遷移に関わる2状態のエネルギー値である。

つまり，系が一定時間安定に存続しうるような状態(定常状態)は，特定のとびとびのエネルギー値 $E_1, E_2, E_3, \cdots$ に対応するものだけに限られ，好き勝手なエネルギー値で定常状態をとることはできず，さらに，ある1つの定常状態 i から別の定常状態 j へ遷移するときには，$|E_i - E_j| = h\nu$ の関係にある振動数 ν の電磁波を吸収または放出するというのです(図2.6)。

図2.6● 2状態間の遷移

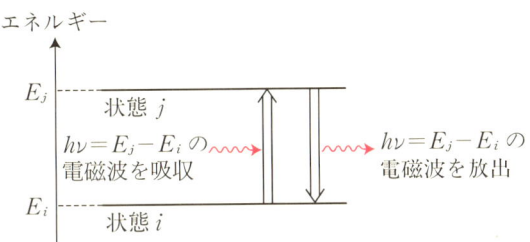

上記❶，❷は，あくまで「多分こんな感じになっているのではないか」と「仮定」したものにすぎないことに留意してください。なお，エネルギー値などがとびとびの(離散的な)値しか許されない場合，その物理量は**量子化(quantization)**されていると表現します。そして，とびとびのエネルギー値を**エネルギー準位(energy level)**といいます。

それでは，どのようなエネルギー値において定常状態をとれるのでしょうか。これについてボーアは，水素原子の電子状態に関し，電子の運動量と円周の長さの積がプランク定数 h の整数倍になるという**量子条件(quantum condition)**が満たされている場合にのみ定常状態をとれると考えました。この量子条件は，$\hbar = h/2\pi$ として，電子の角運動量が $\hbar$ の整数倍になる場合とも表現できます。

$$(mv) \cdot (2\pi r) = nh \quad \text{または} \quad mvr = n\hbar \quad (n = 1, 2, 3, \cdots)$$

このような量子条件を課せば，定常状態のエネルギーがどのように量子化されるか，換言すると「どのようにとびとびの値になるか」の結論が導けます(実習問題2-1で確認してください)。そして，このような定常状態間の遷移にともなって電磁波が吸収または放出されると考えることで，水素原子のスペクトルの説明に成功したのです。

図2.7●水素原子の発光スペクトルと量子数 n

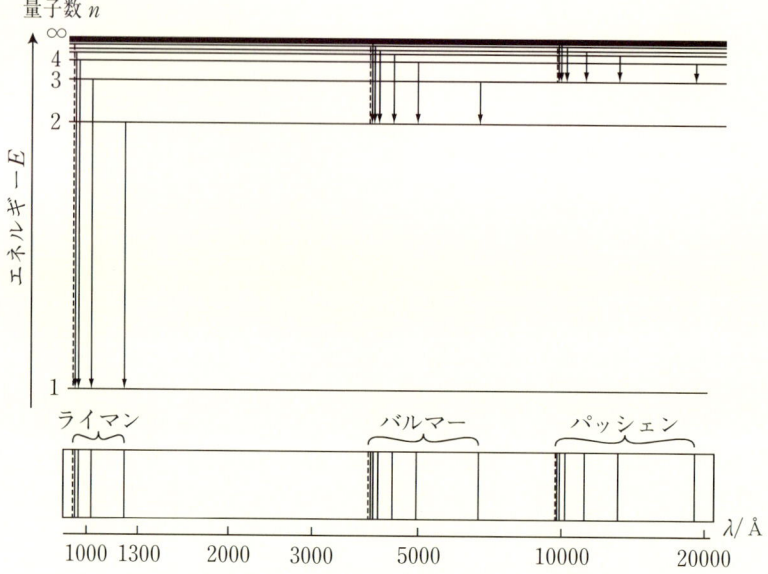

　図2.7では，たとえばライマン系列の最も長波長側のスペクトル線は，ボーアの量子条件の量子数 $n=2$ の定常状態から，$n=1$ の定常状態へと遷移するときに放出された電磁波によることなどが示されています。つぎの実習問題2-1に取り組んでさらに理解を深めましょう。

　単なる「仮定」だったとはいえ，古典物理学から前進し本格的な量子力学へ一歩近づくことができたといえるでしょう。「前期量子論」はこのような過渡的な理論です。本格的な量子力学は，いよいよつぎの講義で登場です。

実習問題 2-1

水素原子は,陽子とそのまわりを一定半径 r で円運動する電子で構成されているとする。この系に電子の運動状態に関する前期量子論の量子条件 $mvr = n\hbar$ を課した上で,古典物理学を用いて,(1)軌道半径 r_n が n^2 に比例し,(2)エネルギー準位 E_n が n^2 に反比例することを示せ。あわせて,(3)リュードベリ定数 R を求めよ。

図2.8 水素原子のモデル

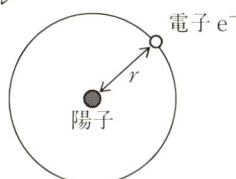

解答&解説

(1) 陽子のまわりを一定半径 r で電子が円運動している場合,クーロン引力が円運動の向心力となっているから

$$m \cdot \frac{v^2}{r} = \boxed{\text{(a)}}$$

ここで,量子条件 $mvr = n\hbar$ から

$$v = \frac{n\hbar}{mr}$$

これを先の式に代入し,r について解くと

$$r_n = \boxed{\text{(b)}} \quad (n=1, 2, 3, \cdots)$$

この結果から,量子条件を満足する状態,つまり定常状態における軌道半径がとびとびの値になっていて量子化されていることがわかります。なお,$n=1$ のときの軌道半径 a_0 を**ボーア半径(Bohr radius)**といいます。

$$a_0 = \boxed{\text{(c)}} = 5.29 \times 10^{-11} \text{(m)}$$

(2) この系のもつエネルギー E は，電子の運動エネルギー $(mv^2)/2$ とポテンシャルエネルギー $-e^2/(4\pi\varepsilon_0 r)$ の和なので

$$E = \frac{mv^2}{2} - \frac{e^2}{4\pi\varepsilon_0 r}$$

さらに v と r の式を用いて計算を進めると

$$E_n = \boxed{\text{(d)}} \quad (n=1,2,3,\cdots)$$

この式から，定常状態の水素原子のエネルギー値も量子化されているとわかります。

図2.9●水素原子の軌道半径とエネルギー準位

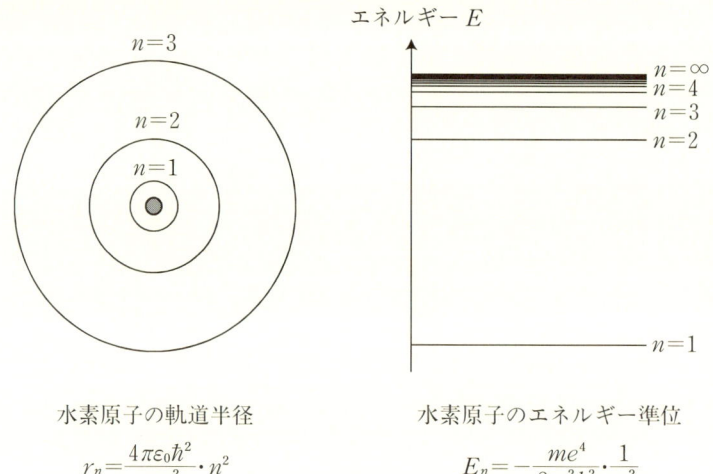

水素原子の軌道半径
$$r_n = \frac{4\pi\varepsilon_0 \hbar^2}{me^2} \cdot n^2$$

水素原子のエネルギー準位
$$E_n = -\frac{me^4}{8\varepsilon_0^2 h^2} \cdot \frac{1}{n^2}$$

(3) E_n の式から，n', n'' を自然数として

$$h\nu = E'' - E' = \frac{me^4}{8\varepsilon_0^2 h^2}\left(\frac{1}{n'^2} - \frac{1}{n''^2}\right)$$

よって，

$$\frac{1}{\lambda} = \frac{\nu}{c} = \boxed{\text{(e)}}$$

この結果をリュードベリの公式と比較すると，リュードベリ定数は

$$R = \boxed{\text{(f)}}$$

と求まります。★

(a) $\dfrac{e^2}{4\pi\varepsilon_0 r^2}$ (b) $\dfrac{4\pi\varepsilon_0 \hbar^2}{me^2}\cdot n^2$ (c) $\dfrac{4\pi\varepsilon_0 \hbar^2}{me^2}$ (d) $-\dfrac{me^4}{8\varepsilon_0^2 h^2}\cdot\dfrac{1}{n^2}$

(e) $\dfrac{me^4}{8\varepsilon_0^2 h^3 c}\left(\dfrac{1}{n'^2}-\dfrac{1}{n''^2}\right)$ (f) $\dfrac{me^4}{8\varepsilon_0^2 h^3 c}$

講義 03 | 量子力学とシュレーディンガー方程式

●道案内

　前回の講義で，原子などのミクロな状態を考察するには量子力学を用いることが必須であると述べました。ボーアの前期量子論は水素原子の発光スペクトルなどを説明することに成功しましたが，微視的世界の現象一般に適用できるものではありません。今回の講義では，本格的な量子力学の創出として，ド・ブロイの着想からシュレーディンガー方程式までを概観します。

　シュレーディンガー方程式になじみのない人は，この方程式を目にして「なんて複雑な式なんだ。もう量子化学を勉強するのはやめよう」と思うかもしれません。しかし，古典力学のニュートンの運動方程式に対応するものが量子力学におけるシュレーディンガー方程式なのです。したがって，シュレーディンガー方程式は，系の量子力学的考察の出発点となる非常に重要なものです。そこで，しっかりと方程式の形式を覚える必要があります。

　もっとも，ニュートンの運動方程式の場合と異なって，シュレーディンガー方程式を独力で数学的に解いていく機会は非常に限定されます。批判を承知でいえば「シュレーディンガー方程式を独力で解けなくても化学を学ぶのに支障はない」と考えてもよいぐらいです。そこで，細か

図3.1 ● シュレーディンガー方程式の位置づけ

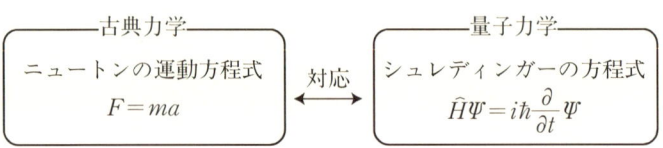

な数学的表記に惑わされるのではなく，取り敢えず方程式の形を覚えてしまうことが大切です。

●量子力学の創出

古典物理学の法則を仮想的な量子条件と結びつけることによって，ボーアは定常状態のエネルギーがとびとびの値となる，すなわち量子化されるという結論を導きました。そしてこの前期量子論によれば，水素原子の発光スペクトルを定常状態間の遷移にともなう電磁波の放出および吸収として説明することができました。しかし，この理論も複数の電子または原子核をもつ系に対してはうまく適用できません。

ボーアの前期量子論の後，新しい本格的な量子力学の創出がなされるわけですが，これには2つの流れがありました。

その1つは，光のもつ波動性と粒子性の二重性を電子などにまで拡張してはどうかと提唱したド・ブロイにはじまり，シュレーディンガー方程式を基礎とする**波動力学(wave mechanics)**です。そして，もう1つの流れは，ハイゼンベルクらによって確立された**行列力学(matrix mechanics)**です。この2つの理論は一見ずいぶん異なったものにみえるのですが，同じ内容，つまり量子力学を異なる数学形式で表現したものにすぎないことが証明されています。この講義では，波動力学形式の量子力学を扱いましょう。

図3.2●量子力学の創出

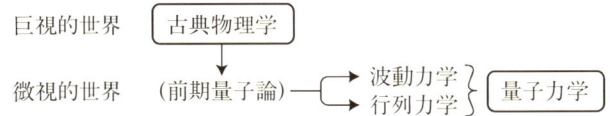

●ド・ブロイの物質波

先に少し触れたように，ド・ブロイは，波動性と粒子性をあわせもつという光についての**二重性(duality)**が，それまで単なる粒子と考えられていた電子などにもあてはまるのではないかと考えました(図3.3)。

それまでに，光の粒子面である**光子(photon)**について，そのエネルギーと運動量の大きさが

$$E = h\nu, \quad p = \frac{h\nu}{c}$$

で与えられることがアインシュタインらによって示されていました。ここで，h はプランク定数，ν は光の振動数，c は光速を表しています。光の波長を λ とすれば，

$$E = \frac{hc}{\lambda}, \quad p = \frac{h}{\lambda}$$

と書くこともできます。電磁波である光は，単なる「波」ではなく「粒(つぶ)」としての性質もあわせもつことがすでに明らかにされていたわけです。

ド・ブロイは，単なる「粒(つぶ)」と考えられていた電子などの物質についても波動性と粒子性の二重性があり，物質の波動面である**物質波(material wave)**について上記の関係が成立するのではないかと考えたのです。

図3.3●波動性と粒子性の二重性

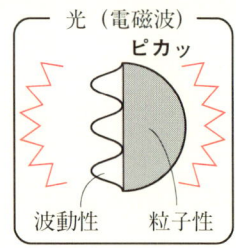

●ド・ブロイの着想

張られた弦や管内の空気の振動のように有限の範囲内に局在する波は**定常波(stationary wave)**をつくり，そのときの振動数は $\nu_1, \nu_2, \nu_3, \ldots$ と特定のとびとびの値をとることはよく知られた事実です（図3.4）。

物質に二重性があり，原子内のような限られた空間内を運動する電子

図3.4 固定端での定常波

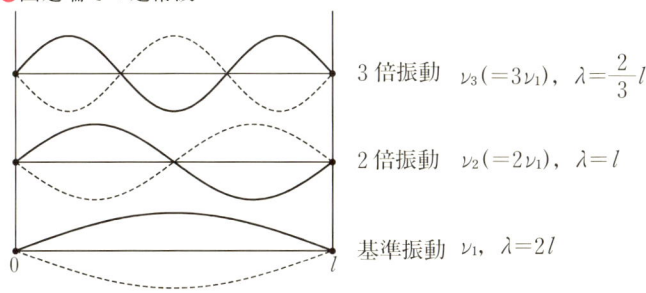

3倍振動　$\nu_3(=3\nu_1)$, $\lambda=\dfrac{2}{3}l$

2倍振動　$\nu_2(=2\nu_1)$, $\lambda=l$

基準振動　ν_1, $\lambda=2l$

などの物質波もこのような定常波をつくると想像してみましょう。そうすれば，その物質波としての定常波の振動数νはとびとびになり，その結果振動数と$E=h\nu$の関係にあるエネルギー値もとびとびとなって，エネルギーの量子化が導くことができそうです。

　前期量子論においてボーアが量子条件を課すことで導いた軌道半径やエネルギーの量子化を，このような定常波の考え方から導くことができるのではないだろうか，というのがド・ブロイの考えだったのです。実際，円周上の物質波が定常波になる条件から，角運動量に対するボーアの量子条件と同じ条件式を導くことができます(図3.5)。

図3.5 物質波とボーアの量子条件

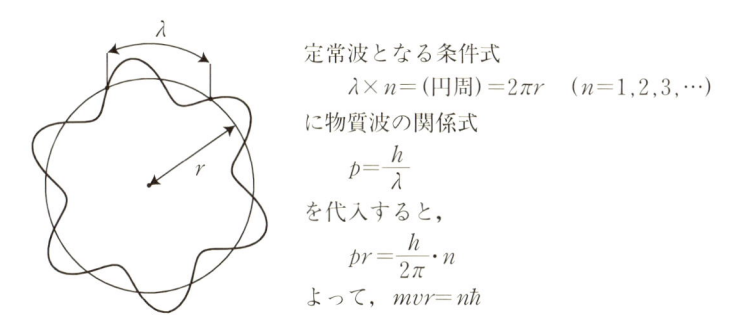

定常波となる条件式
$$\lambda \times n = (円周) = 2\pi r \quad (n=1,2,3,\cdots)$$
に物質波の関係式
$$p=\dfrac{h}{\lambda}$$
を代入すると，
$$pr=\dfrac{h}{2\pi}\cdot n$$
よって，$mvr=nh$

　このように物質波の存在を想定して考えを進めていくとした場合，この物質波の振る舞いを一般的に知るためには，その波の伝わり方，つまりその波がしたがうべき**波動方程式(wave equation)**がわかっている必要があります。どのような方程式となるか，なかなか難しそうですが，

ド・ブロイの着想後しばらくして，シュレーディンガーによりこの波動方程式が発表されることとなりました。

●シュレーディンガー方程式

　シュレーディンガーの発表した波動方程式は，その名をとって**シュレーディンガー方程式**(Schrödinger equation)とよばれており，量子力学の基礎となる方程式に位置づけられます。1次元の場合のシュレーディンガー方程式は

$$\hat{H}\Psi(x,t) = i\hbar\frac{\partial}{\partial t}\Psi(x,t)$$

と表されます。$\Psi(x,t)$は**波動関数**(wave function)とよばれ，この関数によって対象となっている物質系の状態を表します。「シュレーディンガー方程式を解く」とは，この$\Psi(x,t)$を求める作業です。$\partial/\partial t$は2変数の関数$\Psi(x,t)$を，xを一定に保ったままtで微分することを示しています。t以外をあたかも定数であるかのように扱うわけです。このような微分は偏微分とよばれます(下例を参照)。なお，iは虚数単位です。

> **例●**偏微分演算の例
> 例：$f(x,y) = x^2 + 5y$ のとき
> $$\frac{\partial}{\partial x}f(x,y) = 2x, \quad \frac{\partial}{\partial y}f(x,y) = 5$$

　また，$\hat{H}$は**ハミルトニアン**(Hamiltonian)とよばれる**演算子**(operator)です。演算子とは数学的に何らかの演算を施すものとでも了解しておけば十分でしょう。たとえば，d/dxを微分演算子といったりします。「^」は演算子を表す記号です。

　ハミルトニアンは古典的な解析力学で登場するハミルトン関数に由来しており，系の力学的エネルギーを表す演算子です。古典力学では，質点の質量をm，運動量をpとすれば運動エネルギーは$p^2/2m$ですから，ポテンシャルエネルギーを$U(x)$とするとハミルトン関数は

$$H = \frac{p^2}{2m} + U(x)$$

と書けます。ここで，p を対応する演算子 $-i\hbar(\partial/\partial x)$ と置き換えると

$$\hat{H} = \frac{1}{2m}\left(-i\hbar\frac{\partial}{\partial x}\right)^2 + U(x) = -\frac{\hbar^2}{2m}\frac{\partial^2}{\partial x^2} + U(x)$$

となります。

　初めから深入りする必要はありませんが，ハミルトン関数が $H = p^2/2m + U(x)$ と書けること，および運動量 p に対応する演算子は $-i\hbar(\partial/\partial x)$ であって，この置き換えをすればハミルトニアンがつくれることは覚えておかなければなりません。

　以上から，1次元のシュレーディンガー方程式はつぎのようになります。

$$\left(-\frac{\hbar^2}{2m}\frac{\partial^2}{\partial x^2} + U(x)\right)\Psi(x,t) = i\hbar\frac{\partial}{\partial t}\Psi(x,t)$$

3次元の場合は，**ラプラシアン(Laplacian)** ∇^2 という記号を使うと，

$$\nabla^2 = \frac{\partial^2}{\partial x^2} + \frac{\partial^2}{\partial y^2} + \frac{\partial^2}{\partial z^2}$$

より，

$$\left(-\frac{\hbar^2}{2m}\nabla^2 + U(x)\right)\Psi(\boldsymbol{r},t) = i\hbar\frac{\partial}{\partial t}\Psi(\boldsymbol{r},t)$$

となります。これが，**時間を含むシュレーディンガー方程式**です。

　量子力学におけるシュレーディンガー方程式は，古典力学におけるニュートンの運動方程式に対応する基礎方程式です。つまり，「なぜそのような方程式が成立するのかという問いに答えることはできないが，とにかく自然はその法則にしたがっているのだ」という位置づけの方程式です。方程式が正しいか否かは，式から導かれる結論が実験事実に合致するかどうかで判断するしかありません。そして，シュレーディンガー方程式に基づけば，種々の実験事実をうまく説明することができるのです。

●定常状態のシュレーディンガー方程式

　古典的な定常波と同様に，定常状態を表す波動関数 $\Psi(x,t)$ が位置だけの関数 $\psi(x)$ と時間だけの関数 $e^{-i\omega t}$ の積で表されるとすると

$$\Psi(x,t) = \psi(x)e^{-i\omega t}$$

と書けます。ここで，ω は角振動数です。この式を時間を含むシュレーディンガー方程式に代入すると

$$\hat{H}\{\psi(x)e^{-i\omega t}\} = i\hbar\frac{\partial}{\partial t}\{\psi(x)e^{-i\omega t}\}$$
$$= \hbar\omega\{\psi(x)e^{-i\omega t}\}$$

両辺を $e^{-i\omega t}$ で割り，$E=h\nu=h\cdot\dfrac{\omega}{2\pi}=\hbar\omega$ の関係式を用いると

$$\hat{H}\psi(x) = E\psi(x)$$

この式は**時間を含まないシュレーディンガー方程式**であり，**定常状態のシュレーディンガー方程式**ともよばれます。$\Psi(x,t)$ のうち，時間に依存しない部分 $\psi(x)$ を求めるための式です。

　一般的なのは時間を含むシュレーディンガー方程式の方であって，時間を含まないシュレーディンガー方程式は定常状態(一定時間安定に存続しうる状態)についてのみ成り立つものです。たとえば，系をある状態から他の状態に遷移させる過程では，一般的な時間を含むシュレーディンガー方程式を解いて $\Psi(x,t)$ の時間的変化を検討しなければなりません。

　しかしながら，今後検討していく化学結合論においては，ほとんどの場合定常状態のみを扱いますから，単にシュレーディンガー方程式というときには，暗黙の了解で時間を含まない方程式を意味することが多くなります。簡単化していうと，時間とともに時々刻々と力学的エネルギ

図3.6●定常状態と非定常状態の大まかなイメージ

「家にいる」　「学校にいる」　「歩いている最中」　「走っている最中」

一定時間安定に
存続しうる状態
＝
「定常状態」

時々刻々と
変化している状態
＝
「非定常状態」

ーが変わっていくような系を扱っていない場合には，定常状態のシュレーディンガー方程式を用いて考察すれば十分です(図3.6)。

定常状態の意味については，理解し難い部分もあることでしょう。そこで，次回の講義でも触れることにしましょう。

> **演習問題 3-1**
> (1)水素原子 H，(2)ヘリウム原子 He，(3)水素分子イオン H_2^+ のそれぞれの定常状態が波動関数 ψ で表されるとして，(1)～(3)の系の定常状態の波動方程式を書け。ただし，原子核は電子に比べて質量が十分大きいため静止していると扱ってよい。

解答＆解説

(1) 電子の運動エネルギー $(p^2/2m)$ は

$$-\frac{\hbar^2}{2m}\nabla^2$$

また，系のポテンシャルエネルギーは

$$-\frac{e^2}{4\pi\varepsilon_0 r}$$

したがって，

$$\widehat{H}\psi = \left(-\frac{\hbar^2}{2m}\nabla^2 - \frac{e^2}{4\pi\varepsilon_0 r}\right)\psi = E\psi$$

図3.7 ●水素原子

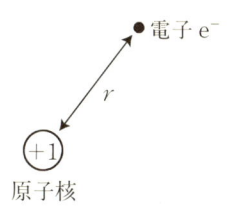

(2) 2つの電子を電子1，電子2とします。その運動エネルギーは

$$-\frac{\hbar^2}{2m}\nabla_1^2 - \frac{\hbar^2}{2m}\nabla_2^2$$

陽子が2個存在することと電子間の相互作用の存在に注意すると，系の

ポテンシャルエネルギーは

$$-\frac{2e^2}{4\pi\varepsilon_0 r_1}-\frac{2e^2}{4\pi\varepsilon_0 r_2}+\frac{e^2}{4\pi\varepsilon_0 r_{12}}$$

したがって,

$$\widehat{H}\psi=\left\{-\frac{\hbar^2}{2m}(\nabla_1{}^2+\nabla_2{}^2)-\frac{e^2}{4\pi\varepsilon_0}\left(\frac{2}{r_1}+\frac{2}{r_2}-\frac{1}{r_{12}}\right)\right\}\psi=E\psi$$

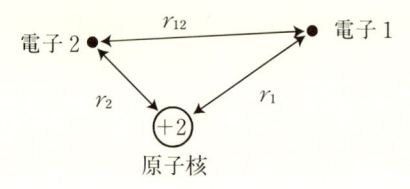

図3.8●ヘリウム原子

(3) 水素分子イオン $H_2{}^+$ 中の2つの陽子を陽子a, 陽子bとします。まず, 電子の運動エネルギーは

$$-\frac{\hbar^2}{2m}\nabla^2$$

また, ポテンシャルエネルギーは

$$-\frac{e^2}{4\pi\varepsilon_0 r_\mathrm{a}}-\frac{e^2}{4\pi\varepsilon_0 r_\mathrm{b}}+\frac{e^2}{4\pi\varepsilon_0 R}$$

したがって,

$$\widehat{H}\psi=\left\{-\frac{\hbar^2}{2m}\nabla^2-\frac{e^2}{4\pi\varepsilon_0}\left(\frac{1}{r_\mathrm{a}}+\frac{1}{r_\mathrm{b}}-\frac{1}{R}\right)\right\}\psi=E\psi$$

図3.9●水素分子イオン

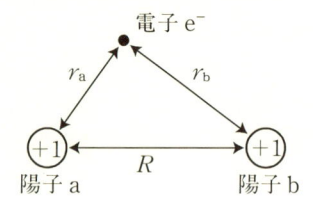

★

講義 LECTURE 04 波動関数

● 道案内

前回の講義で量子力学の基礎方程式であるシュレーディンガー方程式を学びました。この方程式の形は必ず覚えてもらわなければいけません。そして，ミクロな粒子の状態はこの方程式の解である波動関数 Ψ で表現されるのでした。もっとも，波動関数 Ψ の意味はあまりわかりやすいとはいえないでしょう。そこで，Ψ のもつ意味を少しでも知って，化学的考察に役立たせられるようにしたいものです。

図4.1 ● 波動関数 Ψ の意味

（Ψ 波動関数）

ウーン，意味がわからないと役立たせようがないな

今回の講義では，波動関数のもつ意義をいくらか確認した後で，波動関数の規格化を学びます。さらに，物質粒子の「波動性」や「定常状態」といったわかりにくい事項についても再びコメントします。

一度にすべて理解するということは不可能です。何度も同じようなことに触れていく中で，少しずつ「なるほど」と思える領域を広げていきましょう。

● 波動関数の意味

量子力学における基礎方程式がシュレーディンガー方程式

$$\hat{H}\Psi = i\hbar\frac{\partial}{\partial t}\Psi$$

であり，この方程式を解いて得られる波動関数 Ψ が対象としている系の状態を表現していると学びました。しかし，「波動関数 Ψ が対象としている系の状態を表現している」ことの具体的な意味は何なのでしょうか。

Ψ は一般に位置 x と時間 t の関数 $\Psi(x,t)$ ですから，直接的には Ψ は「空間的な場所と時間とで決まる数値」を示しています。そこで，この「数値」の意味が問題となります。

この意味については，たとえば「Ψ は物質粒子の密度分布を表している」という解釈が考えられそうです。物質粒子が波動性により波のように薄く広がって空間中に存在していて，その広がりの密度分布を Ψ が表現していると考えるわけです。よくいわれる「電子は雲のように広がっている」という描像もこれに類似した解釈といえます(図4.2)。

図4.2●波動関数 Ψ と物質密度

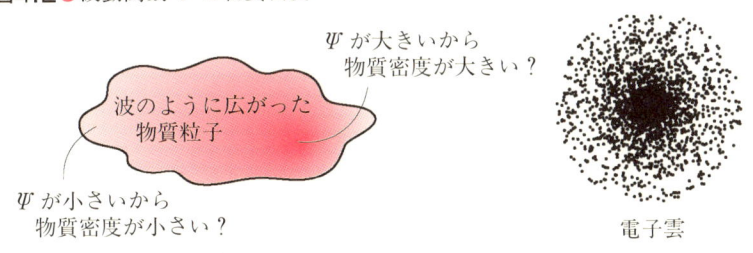

しかし，この解釈は一般に認められていません。なぜなら，もし波動関数 Ψ が物質の密度分布を表しているならば，粒子の正確な位置を測定実験により確認した瞬間に，それまで薄く広がっていた粒子がその位置に超光速度で収縮したことになって不合理だからです。

●確率分布

今日，波動関数の正しい解釈とされているのは，$|\Psi(x,t)|^2$ がその点 x での粒子の存在確率を与えるという考え方です。ここで，Ψ^2 ではなく絶対値 $|\Psi|$ の2乗の表記を用いるのは，Ψ が複素数の場合でも常に

確率を実数の正の値にするためです。

少し丁寧に説明しておきましょう。虚数単位 i と 2 つの実数 u, v により

$$z = u + iv$$

と表される数を**複素数(complex number)**といいます。また，z の虚数部の符号を変えたもの

$$z^* = u - iv$$

を z の**複素共役(complex conjugate)**といいます。複素数の絶対値 $|z|$ は，

$$|z| = \sqrt{u^2 + v^2}$$

で定義されますから，複素数の絶対値の 2 乗 $|z|^2$ は

$$|z|^2 = z^* z$$

と表すことができます。波動関数 Ψ はしばしば複素数となるので，Ψ の複素共役 Ψ^* が数式上よく出現しますが，最初はあまり気にかけない方がよいでしょう。「とにかく（波動関数）^{2} が粒子の存在確率を与えているんだ」と大づかみにしておくことが大切です。

さて，波動関数の解釈に話を戻しましょう。先ほど $|\Psi(x,t)|^2$ がその点 x での粒子の存在確率を与えるといいましたが，厳密には「点」の体積は 0 ですから，ある「点」で粒子を見出す確率はすべて 0 になってしまいそうです。そこでより正確には，「点 x を含む微小体積 $d\tau$ 内に粒子が見出される確率が，$|\Psi(x,t)|^2 d\tau$ に比例する」というべきです（図 4.3）。

図4.3●粒子の存在確率

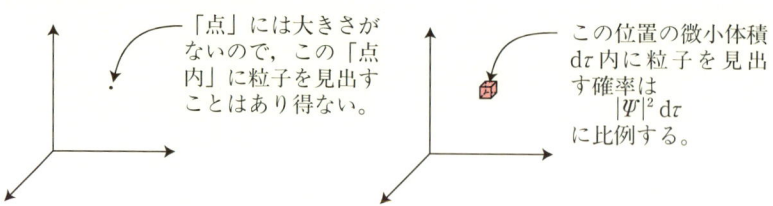

「点」には大きさがないので，この「点内」に粒子を見出すことはあり得ない。

この位置の微小体積 $d\tau$ 内に粒子を見出す確率は $|\Psi|^2 d\tau$ に比例する。

粒子の存在確率が $|\Psi(x,t)|^2 d\tau$ に比例するということは，$|\Psi|$ の大き

い位置ではその場所に粒子を見出す確率が大きく，逆に $|\Psi|=0$ の場所に粒子を見出すことはあり得ないことを意味しています(図4.4)。

図4.4●波動関数の値と粒子の存在確率

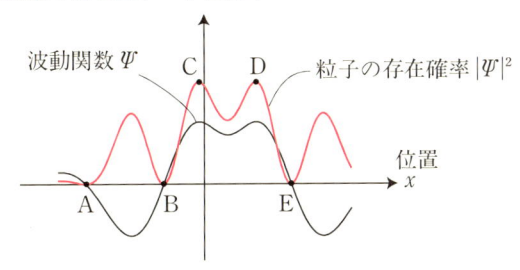

点A,B,Eには粒子が絶対に存在せず，点C,Dに存在する確率が大きいということが波動関数 Ψ よりわかる。

　素朴に考えると「存在確率がああだこうだといわず，粒子の存在場所をずばり指摘してほしい」ところです。しかし，量子力学の対象となる微視的世界は**不確定性原理(uncertainty principle)**に支配されており，たとえば粒子の位置と運動量を同時に確定することは原理的に不可能です。「粒子の位置を決めたら動きがまったくわからなくなり，粒子の動きを決めたら位置がまったくわからなくなる」という巨視的な世界の常識からは理解し難い原理が存在するのです。このこともあって，「粒子の存在確率がああだこうだ」という議論が量子力学においては通常となります。

●波動関数の規格化

　波動関数 Ψ の意味が徐々に明らかとなってきました。ところで，シュレーディンガー方程式においては，ある Ψ が解なら，それに定数倍した関数も解となります。それは，

$$\hat{H}\Psi = i\hbar \frac{\partial}{\partial t}\Psi$$

が成り立つならば，

$$\hat{H}(A\Psi) = i\hbar \frac{\partial}{\partial t}(A\Psi) \quad (A は定数)$$

も成り立つからです。

　そこで，適当に定数倍することで

$$\int |\varPsi|^2 \, d\tau = 1$$

となるようにしておくのが通常です。積分は粒子が存在しうる全空間領域について行います。この作業は，波動関数の**規格化（normalization）**とよばれています。

　波動関数を規格化しておくと，全空間領域での粒子の存在確率の和が1となるので，$|\varPsi(x,t)|^2 d\tau$ が絶対確率を表すことになります。たとえば，ある点 x で $|\varPsi(x,t)|^2 = 0.3$ なら，その場所の微小体積 $d\tau$ 中に3割の確率で粒子を見出せると簡単にわかります。波動関数の規格化は，$|\varPsi(x,t)|^2 d\tau$ が絶対確率になるよう仕組む作業とでもいえるでしょうか。

●物質波の干渉

　ここで少し，物質粒子の波動性について検討しておきましょう。一般に，同じ場所に2つの波がやってくると，その波の重ね合わせによって波は互いに強め合ったり弱め合ったりします。このような現象を波の**干渉（interference）**といいます。そして，物質粒子の波動性は，物質が干渉現象を引き起こすという実験事実により最も明瞭に示されるといえます。

　実際，物質粒子を非常に小さな穴に通すと，光と同じように回折して広がって，ヤングの二重スリット実験と同様な干渉縞の模様ができることが確かめられています（図4.5）。

　もっとも，1個の粒子をスリットに通しただけでは，フィルム上のどこか1点が感光するにすぎません。観測時間が短く，粒子の数が不足しているときには明瞭な干渉縞は生じず，ポツポツと感光点がみられるだけです。十分に多数の粒子を通過させることで，はじめて感光点の分布が縞模様になるのです。つまり，物質粒子の波動性は，多数の粒子の統計的振る舞いとして現れるものといえます。

　「物質粒子に波動性がある」という事実は，容易には受け入れ難いこ

図4.5 ● 物質波の干渉

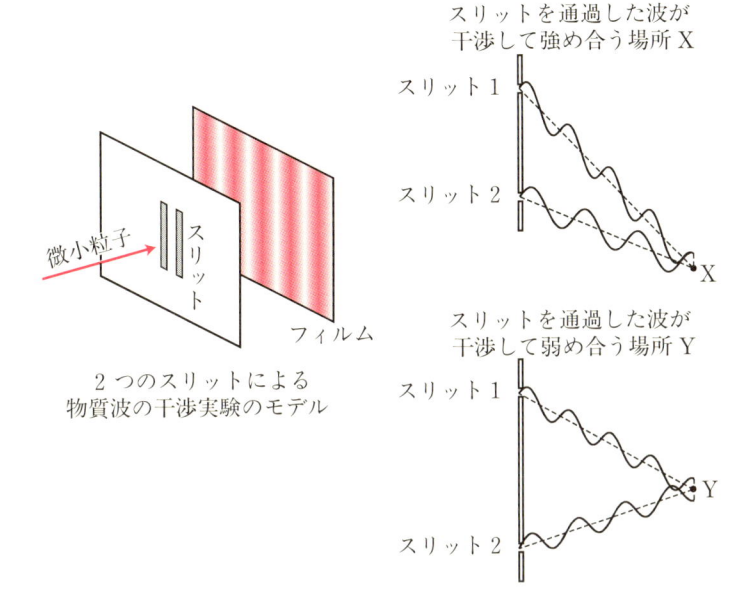

スリットを通過した波が干渉して強め合う場所 X

スリットを通過した波が干渉して弱め合う場所 Y

微小粒子
スリット
フィルム

2つのスリットによる物質波の干渉実験のモデル

とでしょう。しかし，実際に自然はそのようにできているのです。大人の論理だけで子供の世界をすべて正しくとらえることが不可能なように，マクロな世界での経験だけでミクロな世界を正しくとらえることはできません。虚心坦懐に物質粒子が粒子性と波動性の二面性を有することを受け入れることが大切です。

図4.6 ● 物質粒子の二重性

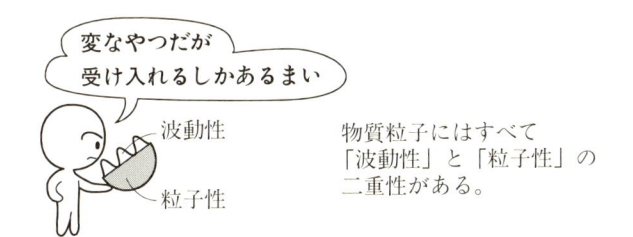

「変なやつだが受け入れるしかあるまい」

波動性
粒子性

物質粒子にはすべて「波動性」と「粒子性」の二重性がある。

実習問題 4-1

(1) 1次元の波動関数 $\psi(x) = Ae^{-ax^2}$ を規格化せよ。ただし，a は正の定数であり，つぎの定積分の公式を用いてよい。

$$a > 0 \text{ のとき}, \quad \int_{-\infty}^{\infty} e^{-ax^2} \, dx = \sqrt{\frac{\pi}{a}}$$

(2) 水素原子中の電子の基底状態の波動関数 ψ は

$$\psi = \sqrt{\frac{1}{\pi a_0^3}} e^{-\frac{r}{a_0}}$$

と表される。ここで，r は原子核からの距離であり，a_0 はボーア半径とよばれる定数である。この ψ を用いて，①$r=0$，②$r=a_0$，③$r=2a_0$ に位置する微小体積 $d\tau$ 中に電子が存在する確率をそれぞれ求めよ。

図4.7

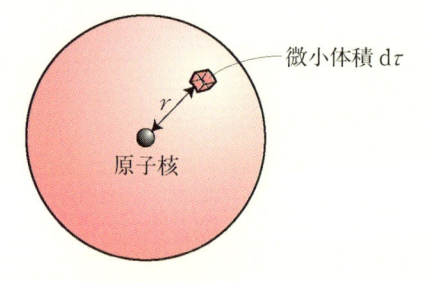

微小体積 $d\tau$
r
原子核

解答&解説

(1) 規格化における積分は粒子が存在しうる全空間領域について行いますから

$$\int_{-\infty}^{\infty} |\psi(x)|^2 \, dx = 1$$

を満たす A を求めればよいわけです。問題に与えられた定積分の公式を用いると

$$\int_{-\infty}^{\infty} |\psi(x)|^2 \, dx = \int_{-\infty}^{\infty} |Ae^{-ax^2}|^2 \, dx$$

$$= A^2 \int_{-\infty}^{\infty} e^{-2ax^2} \, dx = A^2 \sqrt{\frac{\pi}{2a}}$$

したがって

$$A^2\sqrt{\frac{\pi}{2a}} = 1$$

を解いて，

$$A = \boxed{\text{(a)}}$$

よって，規格化された波動関数は

$$\psi(x) = \boxed{\text{(b)}}$$

(2) 微小体積 $d\tau$ 内に粒子が見出される確率は $|\psi|^2 d\tau$ に比例します。いま，水素原子中の電子の基底状態の波動関数 ψ については

$$|\psi|^2 d\tau = \left(\frac{1}{\pi a_0^3}\right) e^{-\frac{2r}{a_0}} d\tau$$

したがって，① $r=0$ のとき

$$\left(\frac{1}{\pi a_0^3}\right) e^{-\frac{2\times 0}{a_0}} d\tau = \left(\frac{1}{\pi a_0^3}\right) d\tau$$

② $r=a_0$ のときは

$$\left(\frac{1}{\pi a_0^3}\right) e^{-\frac{2a_0}{a_0}} d\tau = \boxed{\text{(c)}}$$

同様に，③ $r=2a_0$ のときは

$$\left(\frac{1}{\pi a_0^3}\right)\frac{1}{e^4} d\tau$$

このようにして，ある領域での電子の存在確率を求めることができるのです。★

．．

(a) $\left(\dfrac{2a}{\pi}\right)^{\frac{1}{4}}$ (b) $\left(\dfrac{2a}{\pi}\right)^{\frac{1}{4}} e^{-ax^2}$ (c) $\left(\dfrac{1}{\pi a_0^3}\right)\dfrac{1}{e^2} d\tau$

●再び定常状態の意味について

時間を含まない定常状態のシュレーディンガー方程式
$$\hat{H}\psi(x) = E\psi(x)$$
の解である波動関数は，つぎの形式で表されました．
$$\Psi(x,t) = \psi(x)e^{-i\omega t}$$
ここで
$$\begin{aligned}|\Psi(x,t)|^2 &= \Psi^*(x,t)\Psi(x,t) \\ &= \psi^*(x)e^{i\omega t}\cdot\psi(x)e^{-i\omega t} \\ &= \psi^*(x)\psi(x) = |\psi(x)|^2\end{aligned}$$
が成立します．

$|\psi(x)|^2$ は時間 t によらないので，定常状態における粒子の存在確率の空間分布は時間に無関係であることがわかります．これは「定常状態」という言葉のイメージに合致しており，わかりやすいのではないでしょうか．

ところで，$|\psi(x)|^2$ は点 x での粒子の存在確率を表すのですから，原子内の電子のように狭い空間に閉じ込められた粒子については，その空間から十分に離れたところでは ψ が 0 に収束しなければなりません．後の具体例からもわかりますが，このような条件を満たす ψ を定常状態のシュレーディンガー方程式から求めることは，E が特定の値をとったときだけ可能となります（図 4.8）．このようにして，定常状態のシ

図4.8●エネルギーの量子化

特定の E の値
定常状態の
シュレーディンガー方程式の
解 ψ が存在する．

その他の E の値
定常状態の
シュレーディンガー方程式の
解 ψ が存在しない．

ュレーディンガー方程式から「E がとびとびの値となること」すなわちエネルギーの量子化が自然に導かれます。

ところで，意味のある解を与えるような E の値を，

$$E_1, E_2, E_3, \cdots, E_n, \cdots$$

とし，対応する解 ψ を

$$\psi_1, \psi_2, \psi_3, \cdots, \psi_n, \cdots$$

と記しておきましょう。これらは，定常状態のシュレーディンガー方程式

$$\hat{H}\psi_n = E_n\psi_n \quad (n=1,2,3,\cdots)$$

を満たしています。

一般に，演算子をある関数に作用させると別の関数が得られるのですが，得られた関数がたまたまもとの関数の定数倍になるとき，その関数をその演算子の**固有関数(eigenfunction)**，そして，その定数を**固有値(eigenvalue)**とよびます。定常状態のシュレーディンガー方程式を解くことは，数学的には，ハミルトニアン $\hat{H}$ の固有値 $E_1, E_2, E_3, \cdots, E_n, \cdots$ と固有関数 $\psi_1, \psi_2, \psi_3, \cdots, \psi_n, \cdots$ を求める問題に対応しているのです。

講義 LECTURE 05 箱の中の自由粒子と調和振動子

●道案内

　ニュートンの運動方程式（$F=ma$）と比較して，シュレーディンガー方程式は複雑な形をしています。そのため，多くの人が「とっつきにくい」という印象をもつのも当然です。

　しかし，幸い（？）なことに，シュレーディンガー方程式を数学的に厳密に解くことができる系は非常に限られています。まして，独力でシュレーディンガー方程式を数学的に解くことを要求されることは，ほとんどないといえます。

　そこで，気を楽にするために，つぎのように考えておくとよいでしょう。

❶ シュレーディンガー方程式は，独力で解くものではない。偉い人がこの方程式から導き出した様々な結論を理解することができれば十分である。

❷ ただし，これから扱う「１次元の箱の中の自由粒子」の問題だけは独力で波動関数を求められるようにしておく。

　「１次元の箱の中の自由粒子」について量子力学的に考察した後，「１次元調和振動子」を扱います。１次元調和振動子は，分子振動の学習などにとって必須の基礎知識です。方程式を解く細かい作業は気にしない

図5.1 ●気楽に

何となくわかれば，それで十分だよ。
「$\hat{H}\Psi = i\hbar \dfrac{\partial}{\partial t}\Psi$」

で，定常状態の波動関数やエネルギー準位の特徴をしっかり頭に入れましょう。

● 1次元の箱の中の自由粒子

シュレーディンガー方程式に対する「とっつきにくい」印象をぬぐい，少しでもこの方程式に「親しむ」ためには，実例にあたって実際に解いてみることが一番です。そうはいっても，先に述べたように数学的に厳密に解くことができる系は限られます。また，解くのがあまりに困難だと「親しむ」どころか大嫌いになりかねません。

「1次元の箱の中の自由粒子」は，それほどの困難なく方程式を厳密に解くことができるので「親しむ」のに格好の題材です。そこで，x軸上の区間($0<x<L$)でのみ自由に運動できる質量mの粒子について，時間を含まない，つまり定常状態のシュレーディンガー方程式$\hat{H}\psi=E\psi$を解いてみることにしましょう。

「1次元の箱の中の自由粒子」について方程式を解くことは，箱に閉じ込められた電子などの粒子が，自由にx軸上で運動しているときの状態を知ることに相当します。古典力学と異なり，波動関数を求めることで粒子の「状態を知る」わけです(図5.2)。

図5.2●箱の中の粒子

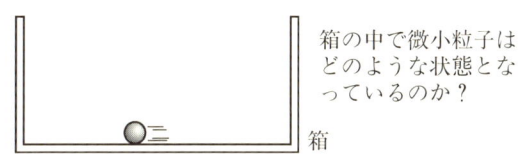

箱の中で微小粒子はどのような状態となっているのか？

箱

原子や分子を構成する電子は，この1次元の箱の中の自由粒子と同様に狭い空間中に閉じ込められています。したがって，1次元の箱の中の自由粒子の状態を量子力学的に検討することは，原子や分子中の電子の状態を理解するために非常に役立ちます。

●シュレーディンガー方程式を解く

それでは，x 軸上の区間 $(0<x<L)$ でのみ自由に運動できる質量 m の粒子について，定常状態のシュレーディンガー方程式を立ててみましょう。

この場合のハミルトニアン $\hat{H}$ は，ポテンシャルエネルギーを $U(x)$ として次式で与えられます。

$$\hat{H} = -\frac{\hbar^2}{2m}\frac{d^2}{dx^2} + U(x)$$

変数が x だけですから，偏微分記号 ∂ は使わず d で表記しました。あまり細かなところにこだわるのは得策ではありませんから，「どっちでもいいや」というぐらいの気持ちで結構です。

さてここで，粒子の動ける区間を「箱の中」つまり $0<x<L$ に限るため，区間の外 ($x \leq 0$ または $x \geq L$) のポテンシャルエネルギーを無限大と考えます (図5.3)。ポテンシャルエネルギーが無限大というのは，無限大の高さの山がそびえたっているのと同様な状況ですから，粒子はその場所より外側に出られないのです。

$$U(x) = \begin{cases} 0 & (0<x<L) \\ \infty & (x \leq 0 \text{ または } x \geq L) \end{cases}$$

図5.3●ポテンシャルエネルギー $U(x)$

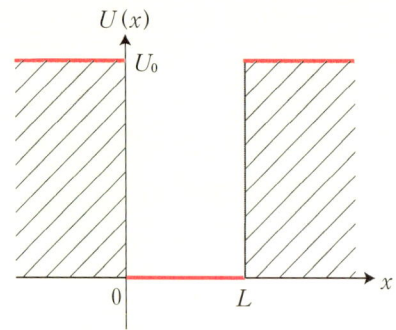

粒子が感じるポテンシャルエネルギー(赤色)
箱の外側での値 $U_0 \to \infty$ の極限を考える

$0<x<L$ の区間の外では，粒子を見出す確率が 0 になります。したがって，$x\leq 0$ または $x\geq L$ で $\psi(x)=0$ でなければなりません。

　$0<x<L$ の区間の中ではポテンシャルエネルギーが 0 であって，粒子は自由に運動しています。そこで，シュレーディンガー方程式はつぎの単純な微分方程式となります。

$$-\frac{\hbar^2}{2m}\frac{d^2}{dx^2}\psi(x) = E\psi(x)$$

$$\frac{d^2}{dx^2}\psi(x) = -\frac{2mE}{\hbar^2}\psi(x)$$

ここで，

$$k^2 = \frac{2mE}{\hbar^2} \quad \cdots\cdots ①$$

とおくと，

$$\frac{d^2}{dx^2}\psi(x) = -k^2\psi(x) \quad \cdots\cdots ②$$

　この微分方程式の一般解は，A と B を任意の定数として，

$$\psi(x) = Ae^{ikx} + Be^{-ikx} \quad \cdots\cdots ③$$

と書けることが知られています。実際，

$$\frac{d^2}{dx^2}\psi(x) = \frac{d^2}{dx^2}(Ae^{ikx} + Be^{-ikx})$$
$$= (-k^2)Ae^{ikx} + (-k^2)Be^{-ikx}$$
$$= -k^2\psi(x)$$

となることが確認できるでしょう。

　さて，③式が物理的に意味のある解となるためには，境界 ($x=0$ および $x=L$) の内外で連続な関数でなければならないので

$$\psi(0) = Ae^0 + Be^0 = A+B = 0$$
$$\psi(L) = Ae^{ikL} + Be^{-ikL} = 0$$

よって，

$$B = -A \quad \cdots\cdots ④$$
$$A(e^{ikL} - e^{-ikL}) = 0 \quad \cdots\cdots ⑤$$

　ここで，E の値によって場合分けしましょう。まず，(i) $E<0$ の場

合，①式より k は純虚数となりますから，⑤式の括弧内が 0 とはなり得なくなります。そこで，⑤式を満足するのは $A=0$ のときに限定されます。しかし，これでは，③，④式より常に $\psi(x)=0$ となってしまい，粒子が存在するという前提に反し不適当です。

また，(ii) $E=0$ の場合，①式より $k=0$ となるので，③，④式から $\psi(x)=A+B=0$ となってしまい，同じく不適当です。

一方，(iii) $E>0$ の場合，⑤式の括弧内が 0 となり得ます。このとき，
$$e^{ikL}-e^{-ikL}=0$$
よって，
$$e^{2ikL}=1$$
ここで，$e^{i\theta}=\cos\theta+i\sin\theta$ の関係を用いると，
$$\cos(2kL)+i\sin(2kL)=1$$
したがって，
$$kL=n\pi \quad (n=1,2,3,\cdots) \quad \cdots\cdots ⑥$$
$n=0$ だと $k=0$ となり，①式から $E=0$ となってしまうので $n=0$ は除外されることに注意しましょう。

この⑥式と①式より，1 次元の箱の中の自由粒子の定常状態のエネルギー準位 E を示す式がつぎのように得られました。
$$E=\frac{\hbar^2}{2m}k^2=\frac{\hbar^2}{2m}\left(\frac{n\pi}{L}\right)^2=\frac{h^2}{8mL^2}n^2 \quad \cdots\cdots ⑦$$
また，対応する波動関数 $\psi(x)$ は，
$$\psi(x)=A(e^{ikx}-e^{-ikx})$$
$$=2Ai\sin kx=C\sin\left(\frac{n\pi}{L}x\right)$$
ここでは，$e^{i\theta}=\cos\theta+i\sin\theta$ を用い，また，$2Ai=C$ とおきました。定数 C の値は，規格化条件によって決定されます。
$$\int_{-\infty}^{\infty}|\psi(x)|^2\,dx=|C|^2\int_{0}^{L}\sin^2\left(\frac{n\pi}{L}x\right)dx=1$$
積分区間を $0\sim L$ としてよいのは，$x\leq 0$ または $x\geq L$ で $\psi(x)=0$ なので，

$$\int_{-\infty}^{\infty}|\psi(x)|^2\,\mathrm{d}x = \int_0^L |\psi(x)|^2\,\mathrm{d}x$$

となるからです。そして,

$$\int_0^L \sin^2\left(\frac{n\pi}{L}x\right)\mathrm{d}x = \frac{1}{2}\int_0^L \left(1-\cos\frac{2n\pi}{L}x\right)\mathrm{d}x$$
$$= \frac{1}{2}\times\left[x - \frac{L}{2n\pi}\sin\frac{2n\pi}{L}x\right]_0^L$$
$$= \frac{L}{2}$$

ですから

$$C = \sqrt{\frac{2}{L}}$$

と求まります。以上より,1次元の箱の中の自由粒子の状態を表す波動関数は,$x \leq 0$ または $x \geq L$ で

$$\psi(x) = 0$$

$0 < x < L$ で

$$\psi(x) = \sqrt{\frac{2}{L}}\sin\left(\frac{n\pi}{L}x\right) \quad (n=1,2,3,\cdots)$$

となります。

●結果の考察

「1次元の箱の中の自由粒子」という非常に単純な系についてさえ,シュレーディンガー方程式を解くことは一苦労だとわかったと思います。それと同時に,方程式を実際に解いてみたことで,少しはこの方程式が身近なものになったのではないでしょうか。

さて,せっかく苦労して定常状態のエネルギー準位と波動関数を求めたのですから,その結果をいくらか考察しておきましょう。まず,波動関数のグラフとエネルギー準位を図示してみます(図5.4)。

量子数 $n=1$ の状態が,許される定常状態のうちでエネルギー最低の状態であり基底状態にあたります。この基底状態の波動関数をみると,粒子の存在確率 $|\psi(x)|^2$ は箱の中央で最大となっており,両端に行くほ

図5.4 1次元の箱の中の自由粒子の状態

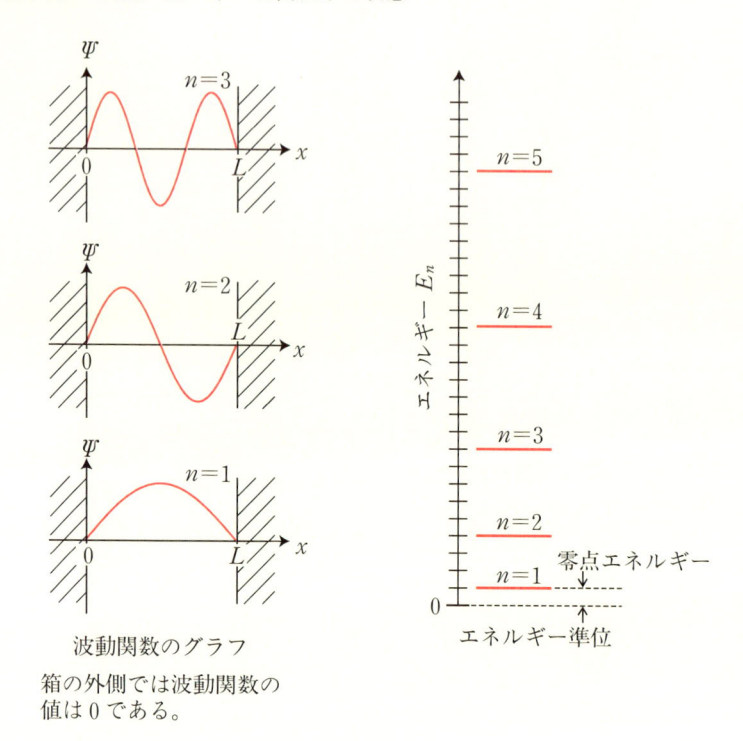

波動関数のグラフ
箱の外側では波動関数の値は0である。

エネルギー準位

零点エネルギー

ど小さくなっています。つまり，基底状態の粒子は箱の中央に見出される確率が最も高いのです。

また，基底状態のエネルギーは $E_1=h^2/8mL^2>0$ となっています。いま，粒子は自由運動をしていますから，ポテンシャルエネルギーは0です。したがって，E_1 は基底状態の粒子のもつ運動エネルギーの値となります。そして，運動エネルギー値が0より大きいということは，粒子が動き回っていることを意味しています。このことから，量子力学の対象となるミクロな粒子は，エネルギー最低の状態であっても静止することなく動き回っていることがわかります。このような運動は**零点運動**，そのエネルギーは**零点エネルギー**（**zero-point energy**）とよばれています（図5.5）。

これは，巨視的世界の常識からするととても意外なことだといえるで

図5.5● 零点エネルギー

「零点エネルギーをもってんねん」

ミクロな粒子は最低エネルギーの状態でも「完全に静止」してしまうことはない。

しょう。なぜなら，巨視的世界における粒子のエネルギー最低の状態は，いうまでもなく「完全に静止」した状態だからです。

この違いはどこから生じるのでしょうか。この答えは，エネルギー準位を示した⑦式をみるとわかります。巨視的世界では，物質の質量 m や運動区間 L が大きいため，実質的に零点エネルギーが 0 となっているのです。

さらに，定常状態の粒子のエネルギーは，とびとびの(離散的な)値しか許されておらず量子化されていることもわかります。巨視的世界のエネルギーがどのような値でも許されているのと対照的ですが，巨視的世界では m や L が大きいためエネルギー準位の間隔が実質的に 0 となり，許されるエネルギー値が連続的になっていると理解できます(図5.6)。

図5.6● エネルギー準位の間隔

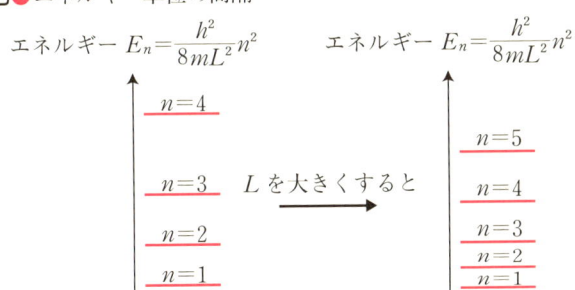

エネルギー $E_n = \dfrac{h^2}{8mL^2}n^2$　　　　エネルギー $E_n = \dfrac{h^2}{8mL^2}n^2$

$n=4$
$n=3$　　L を大きくすると　　$n=5$
$n=2$　　　　　　　　　　　$n=4$
$n=1$　　　　　　　　　　　$n=3$
　　　　　　　　　　　　　$n=2$
　　　　　　　　　　　　　$n=1$

エネルギーの量子化は，数学的には⑥式に由来しています。そして，⑥式は境界条件を課したことから導かれた式でした。つまり，エネルギーの量子化は，粒子が空間の狭い領域に閉じ込められることによって起こると考えられます。実際，運動区間の長さ L を大きくするとエネ

ギー準位の間隔が小さくなり，L が無限大のときには量子化が起こりません。

もう少し結果の考察を続けましょう。

図 5.4 の波動関数の図から，励起状態では粒子を見出す確率が 0 の場所が生じていることがわかります。すなわち，$\psi(x)=0$ となる **節 (node)** とよばれる場所が存在します。

このことも，日常経験からするととても不思議な結果です。たとえば $n=2$ の励起状態の波動関数は，「箱の右半分および左半分に粒子が存在する確率はともに 1/2 であるが，ちょうど真ん中に存在することは決してない」という粒子の状態を意味しているからです。ただ，前にも述べましたが，日常の巨視的世界での経験を微視的世界にそのままあてはめようとする考えは捨てなければなりません。そして，素直に結果をながめる必要があります。自然は，$n=2$ の励起状態としてこのような状態をとるのです。

また，波動関数の図から節の数が，量子数 n の増加につれて 1 つずつ増していることがよみとれます。このように，波動関数の節が増えるほどエネルギーが高くなる傾向が一般に認められます。原子や分子中の電子の状態を考察するときにも役立つ知識ですから，覚えておくとよいでしょう。

最後に，波動関数の形が固定端での定常波の形とまったく同一であるという特徴にも気を配っておきましょう。このことを利用すると，面倒な計算をすることなく，フリーハンドで波動関数の形を描けるはずです。ついでながら，エネルギー準位が m および L^2 に反比例し，n^2 に比例することも覚えておけば，何らかの役に立つと思います。

> **演習問題 5-1** 1辺の長さ L の立方体内に閉じ込められた質量 m の粒子がある。そして，箱の中で粒子は完全に自由に運動できるとする。この場合について，つぎの問いに答えよ。
> (1) この粒子の波動関数を $\psi(x,y,z)$ として，定常状態についてのシュレーディンガー方程式を立てよ。
> (2) $\phi(x), \phi(y), \phi(z)$ が，それぞれ長さ L の1次元の箱の中の自由粒子の定常状態の波動関数を表しているならば，$\psi(x,y,z) = \phi(x)\phi(y)\phi(z)$ は，(1)のシュレーディンガー方程式を満たすことを示せ。
> (3) 3次元の箱である1辺の長さ L の立方体内に閉じ込められた自由粒子のエネルギー準位を表す式を求めよ。

解答＆解説

(1) 立方体内では粒子は完全に自由に運動できるので，ポテンシャルエネルギーは0です。したがって，定常状態についてのシュレーディンガー方程式

$$\hat{H}\psi(x,y,z) = E\psi(x,y,z)$$

におけるハミルトニアン $\hat{H}$ は，運動エネルギーの項だけであり，

$$\hat{H} = -\frac{\hbar^2}{2m}\left(\frac{\partial^2}{\partial x^2} + \frac{\partial^2}{\partial y^2} + \frac{\partial^2}{\partial z^2}\right)$$

と表されます。よって，

$$-\frac{\hbar^2}{2m}\left(\frac{\partial^2}{\partial x^2} + \frac{\partial^2}{\partial y^2} + \frac{\partial^2}{\partial z^2}\right)\psi(x,y,z) = E\psi(x,y,z)$$

(2) $\psi(x,y,z) = \phi(x)\phi(y)\phi(z)$ を(1)の方程式の左辺に代入すると，

$$-\frac{\hbar^2}{2m}\left(\frac{\partial^2}{\partial x^2} + \frac{\partial^2}{\partial y^2} + \frac{\partial^2}{\partial z^2}\right)\phi(x)\phi(y)\phi(z)$$

$$= -\frac{\hbar^2}{2m}\left\{\frac{\partial^2}{\partial x^2}\phi(x)\phi(y)\phi(z) + \frac{\partial^2}{\partial y^2}\phi(x)\phi(y)\phi(z) \right.$$

$$\left. + \frac{\partial^2}{\partial z^2}\phi(x)\phi(y)\phi(z)\right\}$$

ここで，$\phi(y)\phi(z)$ は x とは無関係であり，また，$\phi(x)$ は長さ L の 1 次元の箱の中の自由粒子の定常状態の波動関数であることから，

$$-\frac{\hbar^2}{2m}\frac{\partial^2}{\partial x^2}\phi(x)\phi(y)\phi(z) = \left\{-\frac{\hbar^2}{2m}\frac{\partial^2}{\partial x^2}\phi(x)\right\}\phi(y)\phi(z)$$

$$= \frac{h^2}{8mL^2}n_x{}^2\phi(x)\phi(y)\phi(z)$$

$\frac{\partial^2}{\partial y^2}\phi(x)\phi(y)\phi(z)$，$\frac{\partial^2}{\partial z^2}\phi(x)\phi(y)\phi(z)$ についても同様に計算できるので，

$$-\frac{\hbar^2}{2m}\left(\frac{\partial^2}{\partial x^2}+\frac{\partial^2}{\partial y^2}+\frac{\partial^2}{\partial z^2}\right)\phi(x)\phi(y)\phi(z)$$

$$= \frac{h^2}{8mL^2}(n_x{}^2+n_y{}^2+n_z{}^2)\phi(x)\phi(y)\phi(z)$$

以上より，$\psi(x,y,z)=\phi(x)\phi(y)\phi(z)$ は，(1)のシュレーディンガー方程式を満たします．

(3) (2)の結果より，

$$E = \frac{h^2}{8mL^2}(n_x{}^2+n_y{}^2+n_z{}^2) \quad \cdots\cdots(答)$$

なお，この場合の基底状態は，量子数が $n_x=n_y=n_z=1$ の状態であり，このとき $E=3h^2/8mL^2$ のエネルギーをもちます．また，最低の励起状態には，量子数が $n_x=2$，$n_y=n_z=1$ の状態と $n_x=n_z=1$，$n_y=2$ の状態と $n_x=n_y=1$，$n_z=2$ の状態の 3 つの状態があります．

これらの 3 つの励起状態は，運動状態は異なるもののエネルギーは $E=3h^2/4mL^2$ で等しくなっています．このように，異なる状態が等しいエネルギーをもつ場合，それらの状態は**縮退**(または**縮重**)(**degeneracy**)しているといいます．3 次元の箱の中の自由粒子の最低励起状態は，三重に縮退していることになります．★

● 1次元調和振動子

「1次元の箱の中の自由粒子」に続いて,つぎは x 軸上で原点からの距離に比例する引力 $F=-kx$ を受けて単振動している質点を取り扱ってみましょう。これは,古典力学における一端が固定されたバネの他端につけた質点の運動に対応するものです(図5.7)。振動するものを一般に**振動子**というのですが,振動が単振動の場合を特に**調和振動子(harmonic oscillator)**というので,1次元調和振動子という見出しになっています。

図5.7●古典的な調和振動子

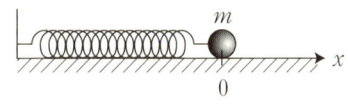

バネにつけた質量 m の重り
(静止した状態)

1次元調和振動子のシュレーディンガー方程式を立てるために,まずハミルトニアン $\hat{H}$ をつくりましょう。質点の質量を m,運動量を p とすると運動エネルギーは $p^2/2m$ と書けますから,ポテンシャルエネルギーを $U(x)$ として,ハミルトン関数は

$$H = \frac{p^2}{2m} + U(x)$$

となります。ここで,p を対応する演算子 $-i\hbar(\mathrm{d}/\mathrm{d}x)$ と置き換え,さらに $U(x)$ として弾性エネルギー $\frac{1}{2}kx^2$ を代入します。弾性エネルギー $\frac{1}{2}kx^2$ は角振動数 ω を用いると $\frac{1}{2}m\omega^2x^2$ と書けますから

$$\hat{H} = -\frac{\hbar^2}{2m}\frac{\mathrm{d}^2}{\mathrm{d}x^2} + \frac{1}{2}kx^2 = -\frac{\hbar^2}{2m}\frac{\mathrm{d}^2}{\mathrm{d}x^2} + \frac{1}{2}m\omega^2x^2$$

よって,1次元調和振動子のシュレーディンガー方程式は

$$\left(-\frac{\hbar^2}{2m}\frac{\mathrm{d}^2}{\mathrm{d}x^2} + \frac{1}{2}m\omega^2x^2\right)\psi(x) = E\psi(x)$$

となります。

この方程式を解くことは「1次元の箱の中の自由粒子」の場合ほど簡単ではありませんから，独力で解を求められるようにする必要はありません。もっとも，数学的には有名な式で厳密な解が求められています。その結果だけを記しておくと

$$\psi_n(x) = \left\{\frac{1}{2^n n!}\left(\frac{\alpha}{\pi}\right)^{\frac{1}{2}}\right\}^{\frac{1}{2}} H_n(\sqrt{\alpha}x)\, e^{-\frac{\alpha}{2}x^2} \quad \left(\text{ただし，}\alpha=\frac{m\omega}{\hbar}\right)$$

$$E_n = \left(n+\frac{1}{2}\right)\hbar\omega \quad (n=0,1,2,\cdots)$$

となります。$H_n(t)$は**エルミート多項式**(Hermitian polynomial)とよばれ，その具体的な関数形は下表のとおりです(表5.1)。

表5.1 ●エルミート多項式の具体形

$$H_0(t) = 1$$
$$H_1(t) = 2t$$
$$H_2(t) = 4t^2 - 2$$
$$H_3(t) = 8t^3 - 12t$$
$$H_4(t) = 16t^4 - 48t^2 + 12$$
$$H_5(t) = 32t^5 - 160t^3 + 120t$$
$$\vdots$$

　波動関数$\psi_n(x)$の式は，覚える必要はありません。「エルミート多項式ってやつになるのか」ぐらいで結構です。$H_n(\sqrt{\alpha}x)$の前のややこしい係数も，波動関数$\psi_n(x)$を規格化するためのもので特に深い意味はありません。他方，エネルギー準位E_nの式は簡単ですから，必ず覚えてください。

　エネルギー準位E_nの式から，1次元調和振動子の場合も箱の中の自由粒子と同様にエネルギーが量子化されていることや，零点エネルギーをもつことがわかります。零点エネルギーはE_nの式に$n=0$を代入して

$$E_0 = \frac{\hbar\omega}{2}$$

と求まります。また，エネルギー準位の間隔は$\hbar\omega$の等間隔になってい

ます。箱の中の自由粒子の場合と異なって，等間隔になっている点が特徴的です。

なお，1次元調和振動子の定常状態の波動関数 $\psi(x)$ を図示すると，下図のようになります(図5.8)。

図5.8 ● 1次元調和振動子の定常状態の波動関数 $\psi(x)$

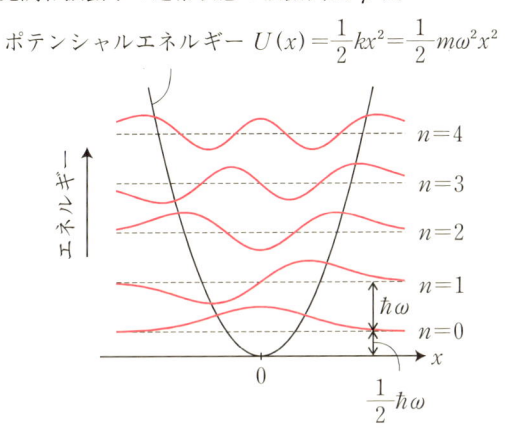

ポテンシャルエネルギー $U(x) = \frac{1}{2}kx^2 = \frac{1}{2}m\omega^2 x^2$

古典的な調和振動子では，原点からの変位 $|x|$ が大きくなって運動エネルギーが 0 となったところで質点は原点方向へ折り返しますから，質点がポテンシャルエネルギー曲線の外側の領域にくることは絶対にありません。ところが，量子力学の世界では $\psi(x)$ がポテンシャルエネルギー曲線の外側の領域でも値をもち，質点の存在確率が 0 にならないのが特徴的です。「トンネルをくぐる」ように，$\psi(x)$ がポテンシャルエネルギー曲線の外側にしみ出しているのです。

また，波動関数の節の数がエネルギーが高いほど増えていることなど，関数形が全体的に 1 次元の箱の中の自由粒子の場合と似ている点にも注目しておきましょう。

● 分子振動

化学結合している原子は，あたかも原子どうしがバネでつながっているかのような振動運動をします(図5.9)。そこで，大まかに分子振動は 1 次元調和振動子と同様な形で考察することが可能です。

図5.9 ● バネでつながった原子

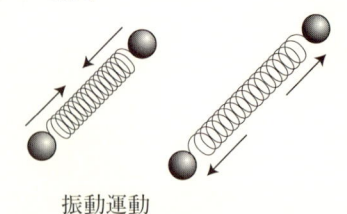

振動運動

　2個の粒子が力を及ぼし合いながら運動するとき，系の運動を重心運動と相対運動に分けると，一般に重心運動は単なる自由運動として，相対運動は**換算質量(reduced mass)** $\mu = \dfrac{m_1 m_2}{m_1 + m_2}$ をもつ1粒子の運動として記述することができます。

　このことを利用すると，バネでつながった2質点の相対運動である質点間の距離の変化を単振動で表すことができます。そのため，1次元調和振動子で得られた結果を分子振動の考察に用いることができるのです。質点の変位 $|x|$ を分子中の原子間距離 r で置き換えれば，1次元調和振動子のエネルギー準位などの結果をそのまま利用できます。もちろん，分子中のポテンシャルエネルギーが正確に $\dfrac{1}{2}kx^2$ で表されるわけではありませんから，あくまで「近似」である点には注意してください。

　簡単な分子の場合，振動運動の**励起(excitation)**（低い量子数の状態から高い量子数の状態への遷移）を反映して，光の吸収スペクトルにきれいな振動構造がみられる場合があります（図5.10）。このスペクトルを詳細に分析すれば，分子構造についての様々なデータを得ることができるのです。たとえば，振動エネルギー準位の間隔が $\hbar\omega$ で表されることから，分子振動の振動数 ω を決定することなどができます。

図5.10 ● 光の吸収スペクトルの振動構造

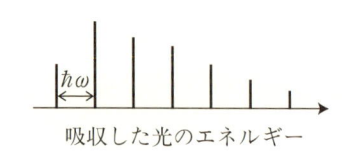

吸収した光のエネルギー

分子振動の励起状態を反映して，光の吸収スペクトルに振動構造が見られる場合がある。スペクトル線の間隔が振動エネルギー準位の差 $\hbar\omega$ に等しい。

LECTURE 06 回転運動と角運動量

●道案内

　講義5では箱の中の自由粒子と調和振動子を扱いました。どちらも，量子化学を学ぶ上で基礎的かつとても重要なものです。今回の講義では，同じような位置づけの題材である「球面上に拘束された粒子」，つまり原点から一定距離 r だけ離れている球面上を自由に回転する粒子を扱います（図6.1）。

図6.1 ●球面上を自由に動く粒子

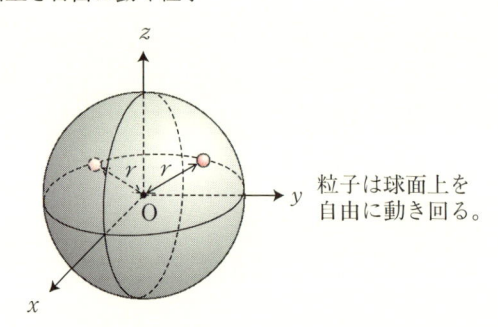

粒子は球面上を自由に動き回る。

　箱の中の自由粒子の場合と異なり，「球面上に拘束された粒子」のシュレーディンガー方程式を独力で解けるようになる必要はありません。ルジャンドリアンや球面調和関数といった複雑な式に出会いますが，それらの式を覚える必要もまったくありません。しっかり読んで理解すればそれでよいのです。もっとも，エネルギー準位の式は覚えておくと役に立つでしょう。

　その後，回転運動で学んだことを活かして軌道角運動量について検討していきます。角運動量がどのように量子化されているかをつかんでく

ださい。ピンとこない人も多いでしょうが，角運動量理論は，原子や分子の構造などの考察に広く用いられ，量子化学において非常に重要な位置をしめているのです。

●極座標

それでは，座標原点から一定距離 r だけ離れている球面上を自由に回転する粒子の定常状態を検討していきます。まずは，シュレーディンガー方程式を立てましょう。

この系では，粒子は球面上を「自由に」回転しています。したがって箱の中の自由粒子の場合と同じく，球面上でのポテンシャルエネルギーは 0 です。よって，球面上でのハミルトニアン $\widehat{H}$ は簡単に

$$\widehat{H} = -\frac{\hbar^2}{2m}\left(\frac{\partial^2}{\partial x^2} + \frac{\partial^2}{\partial y^2} + \frac{\partial^2}{\partial z^2}\right)$$

と書けます。

さてここで，座標原点から粒子までの距離が一定値 r であるという拘束条件を考えなければいけません。そうすると，この系を x, y, z 座標という直交座標で扱うのは不便なことに気づきます。なぜなら，先の拘束条件の表記が面倒な形になってしまうからです。

そこで，下図のような**極座標**（または**球座標**）で扱う方がよいでしょう（図 6.2）。

図6.2●極座標

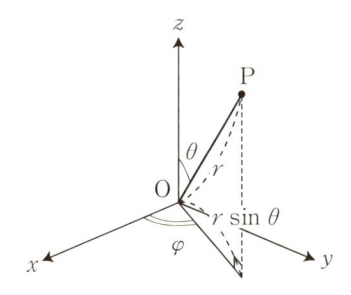

この方が，r がそのまま表現されますからはるかに便利です。極座標

における r を動径, θ を天頂角, φ を方位角といいます。直交座標 x, y, z と極座標 r, θ, φ とは, 図からわかるとおり

$$x = r \sin\theta \cos\varphi$$
$$y = r \sin\theta \sin\varphi$$
$$z = r \cos\theta$$

という関係で結ばれます。

> **実習問題 6-1**
>
> 直交座標と極座標の関係は, $x = r\sin\theta\cos\varphi$, $y = r\sin\theta \times \sin\varphi$, $z = r\cos\theta$ である。さらに,
>
> $$r^2 = x^2 + y^2 + z^2, \quad \tan\theta = \frac{\sqrt{x^2+y^2}}{z}, \quad \tan\varphi = \frac{y}{x}$$
>
> が成立することを用いて, 直交座標での偏微分は極座標により以下のように与えられることを示せ。
>
> $$\frac{\partial}{\partial x} = \sin\theta\cos\varphi \frac{\partial}{\partial r} + \frac{\cos\theta\cos\varphi}{r}\frac{\partial}{\partial \theta} - \frac{\sin\varphi}{r\sin\theta}\frac{\partial}{\partial \varphi}$$
>
> $$\frac{\partial}{\partial y} = \sin\theta\sin\varphi \frac{\partial}{\partial r} + \frac{\cos\theta\sin\varphi}{r}\frac{\partial}{\partial \theta} + \frac{\cos\varphi}{r\sin\theta}\frac{\partial}{\partial \varphi}$$
>
> $$\frac{\partial}{\partial z} = \cos\theta \frac{\partial}{\partial r} - \frac{\sin\theta}{r}\frac{\partial}{\partial \theta}$$

解答 & 解説

$$\frac{\partial}{\partial x} = \frac{\partial r}{\partial x}\frac{\partial}{\partial r} + \frac{\partial \theta}{\partial x}\frac{\partial}{\partial \theta} + \frac{\partial \varphi}{\partial x}\frac{\partial}{\partial \varphi} \quad \cdots\cdots ①$$

$$\frac{\partial}{\partial y} = \frac{\partial r}{\partial y}\frac{\partial}{\partial r} + \frac{\partial \theta}{\partial y}\frac{\partial}{\partial \theta} + \frac{\partial \varphi}{\partial y}\frac{\partial}{\partial \varphi} \quad \cdots\cdots ②$$

$$\frac{\partial}{\partial z} = \frac{\partial r}{\partial z}\frac{\partial}{\partial r} + \frac{\partial \theta}{\partial z}\frac{\partial}{\partial \theta} + \frac{\partial \varphi}{\partial z}\frac{\partial}{\partial \varphi} \quad \cdots\cdots ③$$

ですから, $\partial r/\partial x, \partial \theta/\partial x, \partial \varphi/\partial x$ などを求めて上式に代入すればよいわけです。

まず, $r^2 = x^2 + y^2 + z^2$ の両辺を x で偏微分すると

$$2r\frac{\partial r}{\partial x} = 2x$$

より,
$$\frac{\partial r}{\partial x} = \frac{x}{r} = \frac{r\sin\theta\cos\varphi}{r} = \sin\theta\cos\varphi$$

y, z についても同様にして,
$$\frac{\partial r}{\partial y} = \boxed{\text{(a)}}, \quad \frac{\partial r}{\partial z} = \boxed{\text{(b)}}$$

が得られます。

つぎに, $\tan\theta = \dfrac{\sqrt{x^2+y^2}}{z}$ の両辺を x で偏微分して,

$$\frac{1}{\cos^2\theta}\frac{\partial\theta}{\partial x} = \frac{x}{z\sqrt{x^2+y^2}} = \frac{r\sin\theta\cos\varphi}{r\cos\theta\cdot r\sin\theta}$$

よって,
$$\frac{\partial\theta}{\partial x} = \frac{1}{r}\cos\theta\cos\varphi$$

y, z についても同様にして,

$$\frac{\partial\theta}{\partial y} = \frac{y}{z\sqrt{x^2+y^2}}\cdot\cos^2\theta = \boxed{\text{(c)}}$$

$$\frac{\partial\theta}{\partial z} = -\frac{\sqrt{x^2+y^2}}{z^2}\cdot\cos^2\theta = \boxed{\text{(d)}}$$

とわかります。

また, $\tan\varphi = \dfrac{y}{x}$ の両辺を x, y, z で偏微分すると, それぞれ,

$$\frac{1}{\cos^2\varphi}\frac{\partial\varphi}{\partial x} = -\frac{y}{x^2} \text{ より}, \quad \frac{\partial\varphi}{\partial x} = \boxed{\text{(e)}}$$

$$\frac{1}{\cos^2\varphi}\frac{\partial\varphi}{\partial y} = \frac{1}{x} \text{ より}, \quad \frac{\partial\varphi}{\partial y} = \boxed{\text{(f)}}$$

$$\frac{1}{\cos^2\varphi}\frac{\partial\varphi}{\partial z} = 0 \text{ より}, \quad \frac{\partial\varphi}{\partial z} = 0$$

これらを①,②,③式に代入すると,

$$\frac{\partial}{\partial x} = \sin\theta\cos\varphi\frac{\partial}{\partial r} + \frac{\cos\theta\cos\varphi}{r}\frac{\partial}{\partial\theta} - \frac{\sin\varphi}{r\sin\theta}\frac{\partial}{\partial\varphi}$$

$$\frac{\partial}{\partial y} = \sin\theta\sin\varphi \frac{\partial}{\partial r} + \frac{\cos\theta\sin\varphi}{r}\frac{\partial}{\partial \theta} + \frac{\cos\varphi}{r\sin\theta}\frac{\partial}{\partial \varphi}$$

$$\frac{\partial}{\partial z} = \cos\theta \frac{\partial}{\partial r} - \frac{\sin\theta}{r}\frac{\partial}{\partial \theta}$$

が示されます。★

(a) $\sin\theta\sin\varphi$ (b) $\cos\theta$ (c) $\frac{1}{r}\cos\theta\sin\varphi$ (d) $-\frac{1}{r}\sin\theta$

(e) $-\frac{\sin\varphi}{r\sin\theta}$ (f) $\frac{\cos\varphi}{r\sin\theta}$

●シュレーディンガー方程式を極座標で表す

実習問題 6-1 で示された式を用いて丁寧に計算していくと(実際に計算してみる必要はありません)，ラプラシアン ∇^2 は，

$$\nabla^2 = \frac{\partial^2}{\partial x^2}+\frac{\partial^2}{\partial y^2}+\frac{\partial^2}{\partial z^2}$$

$$= \frac{1}{r^2}\frac{\partial}{\partial r}\left(r^2\frac{\partial}{\partial r}\right)+\frac{1}{r^2}\Lambda \quad \cdots\cdots ④$$

となります。ただし，Λ は角度 θ, φ のみに関係する**ルジャンドリアン (Legendrian)** とよばれる演算子で

$$\Lambda = \frac{1}{\sin\theta}\frac{\partial}{\partial\theta}\left(\sin\theta\frac{\partial}{\partial\theta}\right)+\frac{1}{\sin^2\theta}\frac{\partial^2}{\partial\varphi^2}$$

と定義されています。

この④式を用いると，ポテンシャルエネルギーが 0 の系のハミルトニアン $\hat{H}$ はつぎのように表記できます。

$$\hat{H} = -\frac{\hbar^2}{2m}\nabla^2 = -\frac{\hbar^2}{2mr^2}\left\{\frac{\partial}{\partial r}\left(r^2\frac{\partial}{\partial r}\right)+\Lambda\right\} \quad \cdots\cdots ⑤$$

●方程式の解（球面調和関数）

しばらく面倒な計算式をながめてきましたが，ここで再び「球面上に拘束された粒子」の扱いに戻りましょう。この系については極座標で扱う方が，動径 r がそのまま表現されて便利なので極座標を用いましょうということでした。

さて，極座標を用いてハミルトニアン $\hat{H}$ は⑤式のように表されることがわかりましたが，「球面上に拘束された粒子」では r が一定なのですから，⑤式で $\partial/\partial r$ を含む項は 0 となるので省略できます。このことを考慮すると，シュレーディンガー方程式は，

$$-\frac{\hbar^2}{2mr^2}\Lambda\psi(\theta,\varphi) = E\psi(\theta,\varphi)$$

となります。ここで mr^2 を $I=mr^2$ と定義される慣性モーメント I を使って表記すると，

$$-\frac{\hbar^2}{2I}\Lambda\psi(\theta,\varphi) = E\psi(\theta,\varphi) \quad \cdots\cdots ⑥$$

これは実は数学的によく知られた方程式です。方程式を解く作業は省略して，その結果だけを考察しておきましょう。

つぎの関係式に着目します。

$$\Lambda Y_{l,m}(\theta,\varphi) = -l(l+1)Y_{l,m}(\theta,\varphi) \quad \cdots\cdots ⑦$$

ここで登場した Λ の固有関数 $Y_{l,m}(\theta,\varphi)$ は**球面調和関数(spherical surface harmonics)** とよばれる関数で，l と m はどちらも整数であり，$|m| \leq l$，かつ $l=0,1,2,\cdots$ という制限があります。その結果，m の値は $-l$ から $+l$ までの $(2l+1)$ 個の整数値だけに限定されます。

球面調和関数 $Y_{l,m}(\theta,\varphi)$ の一般式は複雑ですので省略し，$l=0,1,2,3$ の場合の具体式を載せておきます（表6.1）。もちろん覚える必要はまったくありません。θ および φ に $Y_{l,m}(\theta,\varphi)$ がどのように依存しているかをながめてくれれば結構です。

表6.1 ● 球面調和関数

$l=0: Y_{0,0} = \dfrac{1}{\sqrt{4\pi}}$

$l=1: Y_{1,0} = \sqrt{\dfrac{3}{4\pi}}\cos\theta$

$ Y_{1,\pm 1} = \sqrt{\dfrac{3}{8\pi}}\sin\theta\, e^{\pm i\varphi}$

$l=2: Y_{2,0} = \sqrt{\dfrac{5}{16\pi}}(3\cos^2\theta - 1)$

$ Y_{2,\pm 1} = \sqrt{\dfrac{15}{8\pi}}\cos\theta\sin\theta\, e^{\pm i\varphi}$

$ Y_{2,\pm 2} = \sqrt{\dfrac{15}{32\pi}}\sin^2\theta\, e^{\pm 2i\varphi}$

$l=3: Y_{3,0} = \sqrt{\dfrac{7}{16\pi}}(5\cos^3\theta - 3\cos\theta)$

$ Y_{3,\pm 1} = \sqrt{\dfrac{21}{64\pi}}(5\cos^2\theta - 1)\sin\theta\, e^{\pm i\varphi}$

$ Y_{3,\pm 2} = \sqrt{\dfrac{105}{32\pi}}\cos\theta\sin^2\theta\, e^{\pm 2i\varphi}$

$ Y_{3,\pm 3} = \sqrt{\dfrac{35}{64\pi}}\sin^3\theta\, e^{\pm 3i\varphi}$

球面上を自由に回転する粒子が定常状態でとり得るエネルギーは，⑥，⑦式から，

$$E = \frac{\hbar^2}{2I}l(l+1) \quad (l=0,1,2,\cdots)$$

と求まります。

この結果から，粒子のエネルギー値は量子数 l だけで決まり，量子数 m に無関係とわかります。ところで，1つの l に対して $(2l+1)$ 個の m が存在しました。m が異なれば波動関数が異なるのですから，この $(2l+1)$ 個の状態は異なる運動状態だが等しいエネルギーをもつ状態といえます。つまり，各状態は $(2l+1)$ 重に縮退しているのです(図6.3)。

図6.3●回転運動のエネルギー準位

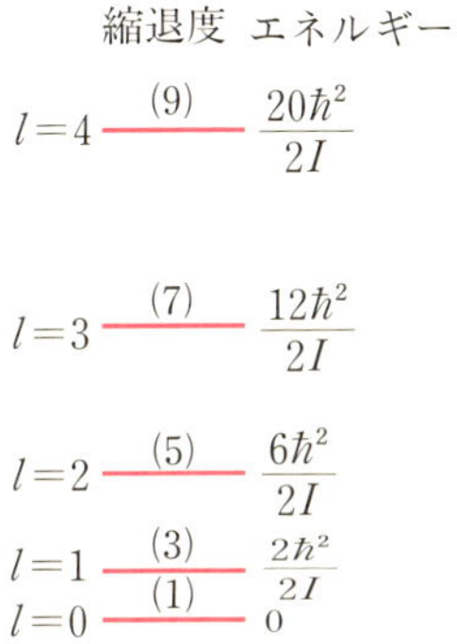

縮退度　エネルギー

$l=4$　——(9)——　$\dfrac{20\hbar^2}{2I}$

$l=3$　——(7)——　$\dfrac{12\hbar^2}{2I}$

$l=2$　——(5)——　$\dfrac{6\hbar^2}{2I}$

$l=1$　——(3)——　$\dfrac{2\hbar^2}{2I}$
$l=0$　——(1)——　0

●角運動量

　適当な点Oから測った粒子の位置ベクトルを $\boldsymbol{r}$，その粒子の運動量を $\boldsymbol{p}$ としたとき

$$\boldsymbol{l} = \boldsymbol{r} \times \boldsymbol{p}$$

で定義される $\boldsymbol{l}$ を，粒子が点Oのまわりにもつ**軌道角運動量**(orbital angular momentum)といいます。ベクトル積の定義により，$\boldsymbol{l}$ は $\boldsymbol{r}$ と $\boldsymbol{p}$ の両者に垂直なベクトルであり，$\boldsymbol{r}$ から $\boldsymbol{p}$ へと右ねじを回すとき，そのねじの進む方向をもちます(図6.4)。

　エネルギー演算子であるハミルトニアン $\hat{H}$ をつくる場合，$\boldsymbol{p}$ を $-i\hbar \times \nabla$ $\left(\text{ただし，}\nabla = \left(\dfrac{\partial}{\partial x}, \dfrac{\partial}{\partial y}, \dfrac{\partial}{\partial z}\right)\right)$ と置き換えればよかったことを思い出しましょう。この置き換えをすることで**角運動量演算子** $\hat{\boldsymbol{l}}$ がつくれます。つまり，

$$\hat{\boldsymbol{l}} = -i\hbar \boldsymbol{r} \times \nabla$$

と書けるのです。

図6.4●軌道角運動量

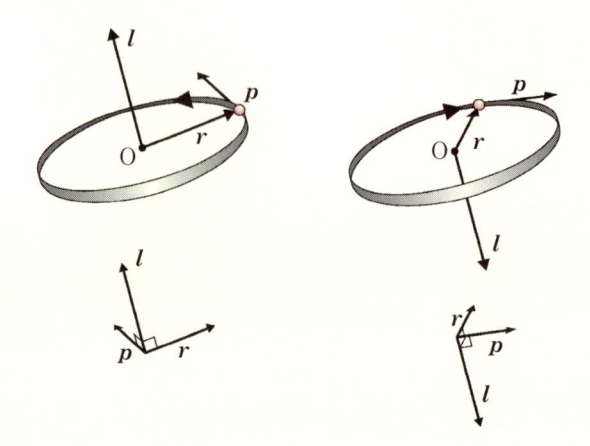

演習問題 6-1

$\hat{l} = -i\hbar \boldsymbol{r} \times \nabla$ を用いてつぎの問いに答えよ。

(1) $\boldsymbol{l}$ の各成分 l_x, l_y, l_z を $\partial/\partial x, \partial/\partial y, \partial/\partial z$ などを用いて直交座標で表せ。

(2) (1)で求めた各成分を，先の実習問題 6-1 で示した式を利用して極座標で表せ。

解答&解説 (1) $\boldsymbol{a} = (a_x, a_y, a_z)$，$\boldsymbol{b} = (b_x, b_y, b_z)$ のとき，$\boldsymbol{a}$ と $\boldsymbol{b}$ のベクトル積 $\boldsymbol{c} = \boldsymbol{a} \times \boldsymbol{b}$ の各成分は，

$$\begin{cases} c_x = a_y b_z - a_z b_y \\ c_y = a_z b_x - a_x b_z \\ c_z = a_x b_y - a_y b_x \end{cases}$$

今，$\boldsymbol{r} = (x, y, z)$，$\nabla = \left(\dfrac{\partial}{\partial x}, \dfrac{\partial}{\partial y}, \dfrac{\partial}{\partial z} \right)$ だから，$\boldsymbol{l} = -i\hbar \boldsymbol{r} \times \nabla$ の各成分は，

$$\begin{cases} l_x = -i\hbar \left(y \dfrac{\partial}{\partial z} - z \dfrac{\partial}{\partial y} \right) \\ l_y = -i\hbar \left(z \dfrac{\partial}{\partial x} - x \dfrac{\partial}{\partial z} \right) \\ l_z = -i\hbar \left(x \dfrac{\partial}{\partial y} - y \dfrac{\partial}{\partial x} \right) \end{cases} \quad \cdots\cdots (答)$$

(2) (1)の結果に，直交座標と極座標の関係式，$x = r\sin\theta\cos\varphi$, $y = r\sin\theta\sin\varphi$, $z = r\cos\theta$ および実習問題 6-1 で導いた式である

$$\frac{\partial}{\partial x} = \sin\theta\cos\varphi\frac{\partial}{\partial r} + \frac{\cos\theta\cos\varphi}{r}\frac{\partial}{\partial \theta} - \frac{\sin\varphi}{r\sin\theta}\frac{\partial}{\partial \varphi}$$

$$\frac{\partial}{\partial y} = \sin\theta\sin\varphi\frac{\partial}{\partial r} + \frac{\cos\theta\sin\varphi}{r}\frac{\partial}{\partial \theta} + \frac{\cos\varphi}{r\sin\theta}\frac{\partial}{\partial \varphi}$$

$$\frac{\partial}{\partial z} = \cos\theta\frac{\partial}{\partial r} - \frac{\sin\theta}{r}\frac{\partial}{\partial \theta}$$

を代入すると，

$$l_x = -i\hbar\left(y\frac{\partial}{\partial z} - z\frac{\partial}{\partial y}\right)$$

$$= -i\hbar\left\{r\sin\theta\sin\varphi\left(\cos\theta\frac{\partial}{\partial r} - \frac{\sin\theta}{r}\frac{\partial}{\partial \theta}\right)\right.$$

$$\left. - r\cos\theta\left(\sin\theta\sin\varphi\frac{\partial}{\partial r} + \frac{\cos\theta\sin\varphi}{r}\frac{\partial}{\partial \theta}\right.\right.$$

$$\left.\left. + \frac{\cos\varphi}{r\sin\theta}\frac{\partial}{\partial \varphi}\right)\right\}$$

$$= i\hbar\left(\sin\varphi\frac{\partial}{\partial \theta} + \frac{\cos\varphi}{\tan\theta}\frac{\partial}{\partial \varphi}\right)$$

同様にして

$$l_y = i\hbar\left(-\cos\varphi\frac{\partial}{\partial \theta} + \frac{\sin\varphi}{\tan\theta}\frac{\partial}{\partial \varphi}\right), \quad l_z = -i\hbar\frac{\partial}{\partial \varphi}$$

が得られます。★

演習問題 6-1 の(2)で得られた結論を用いて $\boldsymbol{l}^2 = l_x^2 + l_y^2 + l_z^2$ を求めると(実際に求めるのは時間がかかるので，やらなくてよいです)，

$$\boldsymbol{l}^2 = -\hbar^2\left[\frac{1}{\sin\theta}\frac{\partial}{\partial \theta}\left(\sin\theta\frac{\partial}{\partial \theta}\right) + \frac{1}{\sin^2\theta}\frac{\partial^2}{\partial \varphi^2}\right]$$

となります。上式の右辺とルジャンドリアン Λ を比較すると，

$$\boldsymbol{l}^2 = -\hbar^2\Lambda$$

と表せることがわかります。

●角運動量の量子化

ルジャンドリアン Λ の固有関数は球面調和関数であり、つぎの式が成立しました。

$$\Lambda Y_{l,m}(\theta,\varphi) = -l(l+1)\, Y_{l,m}(\theta,\varphi)$$

ここで、角運動量演算子を $\hat{l}$ とすると $l^2 = -\hbar^2 \Lambda$ ですから、

$$l^2 Y_{l,m}(\theta,\varphi) = \hbar^2 l(l+1)\, Y_{l,m}(\theta,\varphi)$$

が成立します。すなわち、球面調和関数 $Y_{l,m}(\theta,\varphi)$ は角運動量の2乗の固有関数になっていて、その固有値が $\hbar^2 l(l+1)$ に等しいことがわかります。

さらに、球面調和関数の具体式(表6.1)をみるとわかるとおり、$Y_{l,m}(\theta,\varphi)$ の φ に関係する部分は $e^{im\varphi}$ ですから、

$$\begin{aligned} l_z Y_{l,m}(\theta,\varphi) &= -i\hbar \frac{\partial}{\partial \varphi} Y_{l,m}(\theta,\varphi) \\ &= -i\hbar \cdot (im)\, Y_{l,m}(\theta,\varphi) \\ &= m\hbar\, Y_{l,m}(\theta,\varphi) \end{aligned}$$

となります。このことは、球面調和関数 $Y_{l,m}(\theta,\varphi)$ が l^2 の固有関数であると同時に l_z の固有関数でもあり、その固有値が $m\hbar$ に等しいことを意味しています。そしてこれは、l^2 と l_z が同時に確定値 $\hbar^2 l(l+1)$ および $m\hbar$ をもつ状態が存在することを示しているのです。

l_z とは異なって、l_x や l_y に対応する演算子を $Y_{l,m}(\theta,\varphi)$ に作用させても $Y_{l,m}(\theta,\varphi)$ の定数倍とはなりません。つまり、球面調和関数 $Y_{l,m}(\theta,\varphi)$ は l_x や l_y の固有関数ではありません。したがって、波動関数が $Y_{l,m}(\theta,\varphi)$ で表される状態において、l_x や l_y の値を求めることはできません。1つの値に確定していないのです。

上に述べたことは少し難しいかもしれませんが、波動関数 $\psi(x)$ がエネルギー演算子であるハミルトニアン $\hat{H}$ の固有関数である場合、この $\psi(x)$ は定常状態を表しており、「エネルギーが E に確定していた」ことを思い出せば、上記のことが理解できるのではないでしょうか。

$$\hat{H}\psi(x) = E\psi(x)$$

以上のことから，l^2 と l_z は同時に確定値をもちますが，l_x や l_y までは確定できないと結論づけられます。角運動量の大きさ $|l|$ と，(l_x, l_y, l_z) で指定される回転平面の両方を同時に確定できないのは不確定性原理の一例であり，古典的な粒子の回転運動と異なる特徴です。たとえば $l=2$ の量子状態の場合，m の値は $m=-2,-1,0,1,2$ の5通りがあり，$l^2=\hbar^2 l(l+1)=\hbar^2\{2\times(2+1)\}=6\hbar^2$ と，$l_z=m\hbar$ は確定しますが，l_x や l_y は確定しません。角運動量ベクトル l の方向には，下図のような不確かさが残ることになるのです(図6.5)。

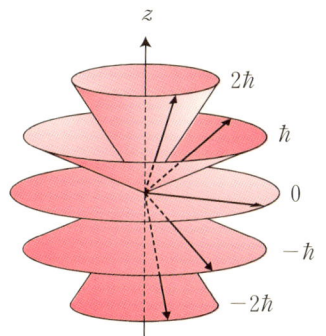

図6.5●軌道角運動量

たとえば，$m=0$ の場合，l の z 成分 $l_z=0$ は確定しているが，l_x, l_y は不確定である。そのため，角運動量ベクトル l が $m=0$ の円板状のどの方向を向いているかは確定しない。

ところで，何となく z 方向だけが特別に思えた人もいるかもしれません。しかし，原点についてポテンシャルエネルギーが球対称な場合には，「特別な方向」というものはないので z 軸の選び方は自由です。したがって，「l_z は確定値をもつが，l_x や l_y は不確定である」ことの意味は，どの方向であれ角運動量の1つの成分を確定させると，他の方向成

図6.6●回転面を決定できない

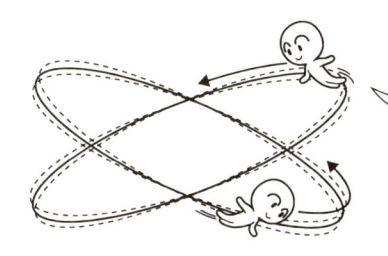

どんな回転面を回っているのか，きっちり決めることはできないよ

分までは確定しなくなってしまうということにすぎませんから，誤解しないようにしましょう．粒子が回転している回転面をきちっと決めることができないなんて不思議な話ではあるのですが，やはり微視的世界には巨視的世界の常識が通用しないのですね．

●分子回転

二原子分子の分子回転は，一定距離 r で結ばれた2個の質点 m_1, m_2 の自由回転運動で近似的に考察することができます(図6.7)．

図6.7●分子回転

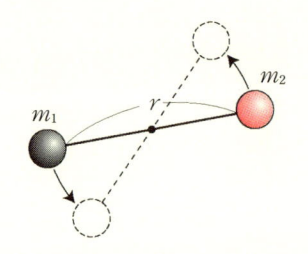

この系の相対運動である回転運動は，振動運動の場合と同じく，換算質量 $\mu = \dfrac{m_1 m_2}{m_1 + m_2}$ の粒子が，半径 r の球面上に拘束されている場合の運動で記述できます．そこで，分子回転の回転エネルギー準位は「球面上に拘束された粒子」と同様になり

$$E_J = \frac{\hbar^2}{2I}J(J+1) \quad (J=0,1,2,3,\cdots)$$

と表されます．ここで I は慣性モーメントであって，$I = \mu r^2$ です．また，J は**回転量子数**とよばれます．

この回転エネルギー準位の式は，二原子分子の回転スペクトルの考察に利用できます．回転運動が励起されるとき，量子数 J のエネルギー準位と量子数 $(J+1)$ のエネルギー準位の差

$$\Delta E = E_{J+1} - E_J = (J+1)\frac{\hbar^2}{I}$$

に等しいエネルギーをもつ光が吸収されることを用いて，光の吸収スペクトルから慣性モーメント I を求めることができ(図6.8)，これから結

合距離 r などの分子構造データを知ることができるのです。

図6.8●回転エネルギー準位

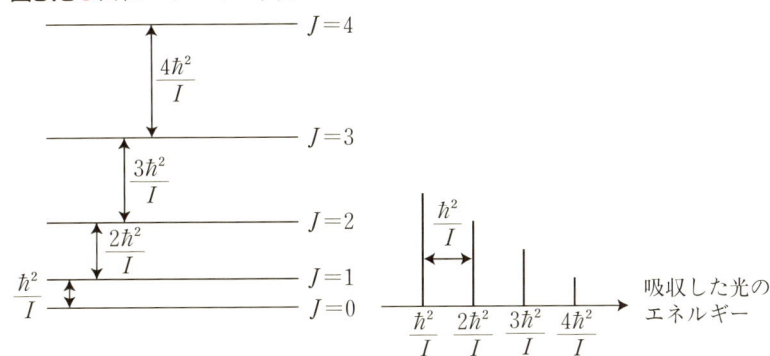

$J=4$
$\dfrac{4\hbar^2}{I}$
$J=3$
$\dfrac{3\hbar^2}{I}$
$J=2$
$\dfrac{2\hbar^2}{I}$
$\dfrac{\hbar^2}{I}$ $J=1$
$J=0$

$\dfrac{\hbar^2}{I}$

$\dfrac{\hbar^2}{I}$ $\dfrac{2\hbar^2}{I}$ $\dfrac{3\hbar^2}{I}$ $\dfrac{4\hbar^2}{I}$ 吸収した光のエネルギー

講義 LECTURE 07 水素様原子

●道案内

　ここまで，箱の中の自由粒子，調和振動子，球面上に拘束された粒子，角運動量を量子力学的に扱ってきました。もちろん，これらはすべて量子化学の重要な題材なわけですが，「化学」らしさ(?)はあまり感じられなかったかもしれません。今回の講義では，いよいよ直接的に原子の構造に足を踏み入れていきます。

　原子を構成している電子は，原子核の周囲を運動しています。この電子の状態を検討するため，**水素様原子(hydrogen-like atom)** とよばれる原子核1個と電子1個からなる系(電子が1個だけなので水素原子に似ています)を量子力学的に取り扱いましょう(図7.1)。

図7.1●水素様原子

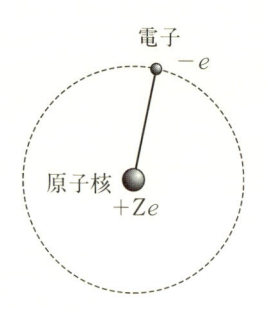

電子 $-e$

原子核 $+Ze$

　シュレーディンガー方程式を解くことによって，原子軌道やそのエネルギー準位がわかります。原子軌道とは何か，量子力学的にきちんと理解しましょう。そして，原子軌道の r および θ, φ 依存性を視覚的に把握してください。細かな数式を覚える必要はありませんから，議論の筋道を理解しつつ原子軌道の特徴をつかむよう意識しましょう。

●水素様原子

原子を構成している電子は、原子核の周囲を運動しています。原子の構造を明らかにするには、この電子の運動を理解する必要があります。原子核の大きさおよびその運動は無視するとして、シュレーディンガー方程式から水素様原子中の電子の定常状態でのエネルギー準位や波動関数を求めてみましょう。

いま、原点に陽子数 Z の原子核を置きます。この原子核から引力を受けて運動する電子のポテンシャルエネルギーは、原子核からの距離を r とすると

$$U(r) = -\frac{Ze^2}{4\pi\varepsilon_0 r}$$

です。したがって、ハミルトニアン $\hat{H}$ は、

$$\hat{H} = -\frac{\hbar^2}{2m}\nabla^2 - \frac{Ze^2}{4\pi\varepsilon_0 r}$$

となります。

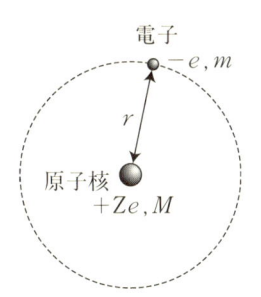

図7.2●水素様原子

Z：陽子数, M：原子核の質量, m：電子の質量

ここで、極座標表示のラプラシアン ∇^2 はルジャンドリアン Λ を使って

$$\nabla^2 = \frac{1}{r^2}\frac{\partial}{\partial r}\left(r^2 \frac{\partial}{\partial r}\right) + \frac{1}{r^2}\Lambda$$

と表せるので、ポテンシャルエネルギーを $U(r)$ と表記しておくと、シュレーディンガー方程式は

$$\left[-\frac{\hbar^2}{2mr^2}\left\{\frac{\partial}{\partial r}\left(r^2\frac{\partial}{\partial r}\right)+\Lambda\right\}+U(r)\right]\Psi(r,\theta,\varphi)$$
$$= E\Psi(r,\theta,\varphi)$$

さて，ルジャンドリアン Λ に関しては，球面調和関数 $Y_{l,m}(\theta,\varphi)$ について次式が成立します．
$$\Lambda Y_{l,m}(\theta,\varphi) = -l(l+1)\, Y_{l,m}(\theta,\varphi)$$
このことに注目しつつ，波動関数 $\Psi(r,\theta,\varphi)$ をつぎの形
$$\Psi(r,\theta,\varphi) = R(r)\, Y_{l,m}(\theta,\varphi)$$
としてシュレーディンガー方程式に代入すると，
$$\left[-\frac{\hbar^2}{2mr^2}\left\{\frac{\partial}{\partial r}\left(r^2\frac{\partial}{\partial r}\right)-l(l+1)\right\}R(r)-(E-U(r))R(r)\right]Y_{l,m}(\theta,\varphi)=0$$
したがって，動径 r についての関数 $R(r)$ の方程式は，
$$-\frac{\hbar^2}{2mr^2}\left\{\frac{\partial}{\partial r}\left(r^2\frac{\partial}{\partial r}\right)-l(l+1)\right\}R(r) = (E-U(r))R(r) \quad \cdots\cdots ①$$
となります．

この微分方程式の解は，数学でよく知られている**ラゲールの多項式(Laguerre polynomial)** を用いて表記できる関数 $R_{n,l}$ です．n と l には，n は正の整数であり，l は 0 から $(n-1)$ までの整数値であるという制限があります．$R_{n,l}$ の具体式は後に示します．
$$n = 1, 2, 3, \cdots$$
$$l = 0, 1, 2, \cdots, (n-1)$$

●原子軌道

水素様原子の波動関数は，動径関数 $R_{n,l}(r)$ と球面調和関数 $Y_{l,m}(\theta,\varphi)$ の積で表されることがわかりました．
$$\Psi_{n,l,m}(r,\theta,\varphi) = R_{n,l}(r) \cdot Y_{l,m}(\theta,\varphi)$$
この n, l, m の3つの量子数で区別される $\Psi_{n,l,m}(r,\theta,\varphi)$ は，原子中の電子状態を表す波動関数であり，**原子軌道(atomic orbital：AO)** とよばれます．また，n を**主量子数(principal quantum number)**，l を**方位量子数(azimuthal quantum number)**，m を**磁気量子数(magnetic**

quantum number)といいます。「軌道」という言葉からは，電子の動く「道路」のようなものをイメージしてしまいますが，原子軌道は電子の「運動状態」を表しているものなのです。

後に示されるように，主量子数 n の値で電子の動径方向の分布が特徴づけられ，この値が大きくなるほど電子分布がより外側へ広がっていきます。そこで，原子中の電子はK殻($n=1$)，L殻($n=2$)，M殻($n=3$)，…とよばれる**電子殻(electron shell)** に入っていると表現することがあります。また，しばしば l の値に応じて s($l=0$)，p($l=1$)，d($l=2$)，f($l=3$)と表示することがあります(表7.1)。

表7.1 ●原子軌道の分類表

電子殻	主量子数 n	方位量子数 l					
		0 s	1 p	2 d	3 f	4 g	5 h
K	1	1s					
L	2	2s	2p				
M	3	3s	3p	3d			
N	4	4s	4p	4d	4f		
O	5	5s	5p	5d	5f	5g	
P	6	6s	6p	6d	6f	6g	6h

●エネルギー準位

動径関数 $R_{n,l}(r)$ を①の方程式に代入すると，水素様原子のエネルギー準位が求まります。計算した結果のみ記すと，

$$E = -\frac{Z^2 me^4}{8\varepsilon_0^2 h^2} \cdot \frac{1}{n^2} \quad (n=1,2,3,\cdots)$$

となっています。原子核近傍の狭い領域に電子が押し込められていることから予想されるとおり，エネルギーは量子化されています。そして，エネルギーが主量子数 n にのみ依存し他の量子数 l, m によらないことがわかります。エネルギー準位が n^2 に反比例することは覚えておくとよいでしょう。

ところで，球面調和関数 $Y_{l,m}(\theta, \varphi)$ については，m につぎの制限が

ありました。
$$m = -l, -l+1, \cdots, l-1, l$$
したがって，同じ l の値について m の値は $(2l+1)$ 通りあったのです。また，l は 0 から $(n-1)$ までの整数値ですから，結局，ある特定の n の値に対する l と m の組み合わせの総数は
$$\sum_{l=0}^{n-1}(2l+1) = \frac{2 \times n(n-1)}{2} + n = n^2$$
です。この結果から，n が同じで l または m が異なる状態は縮退しており，縮退度は n^2 であることになります。

なお，m が異なっても n, l が同じなら原子軌道のエネルギーが等しいことは，電子数が複数の多電子原子についてもあてはまります。一方，エネルギーが l の値によらないことは $U(r)$ が単純なクーロンポテンシャルで表されている水素様原子に限られ，多電子原子にはあてはまらないことに注意してください。たとえばヘリウム原子には電子が 2 個ありますから，n の値が同じでも l の値が違えばエネルギーが異なるのです。

演習問題 7-1

水素様原子のエネルギー準位は主量子数 n だけで決まり，方位量子数 l や磁気量子数 m にはよらないことがわかっている。主量子数 $n \leqq 3$ の電子殻について，許される量子数の組 (n, l, m) と縮退度 d を求め，あわせてエネルギー準位を図示せよ。

解答 & 解説

l は，0 から $(n-1)$ までの整数値でなければなりません。一方，m は，$-l$ から $+l$ までの整数値です。また縮退度 d は n^2 で求まります。

K 殻 $(n=1)$　$d=1^2=1$　1s:$(1,0,0)$
L 殻 $(n=2)$　$d=2^2=4$　2s:$(2,0,0)$　2p:$(2,1,0)$, $(2,1,1)$, $(2,1,-1)$
M 殻 $(n=3)$　$d=3^2=9$　3s:$(3,0,0)$　3p:$(3,1,0)$, $(3,1,1)$, $(3,1,-1)$
　　　　　　　　　　　　　3d:$(3,2,0)$, $(3,2,1)$, $(3,2,-1)$, $(3,2,2)$,
　　　　　　　　　　　　　　　$(3,2,-2)$

図7.3 ● 水素様原子のエネルギー準位

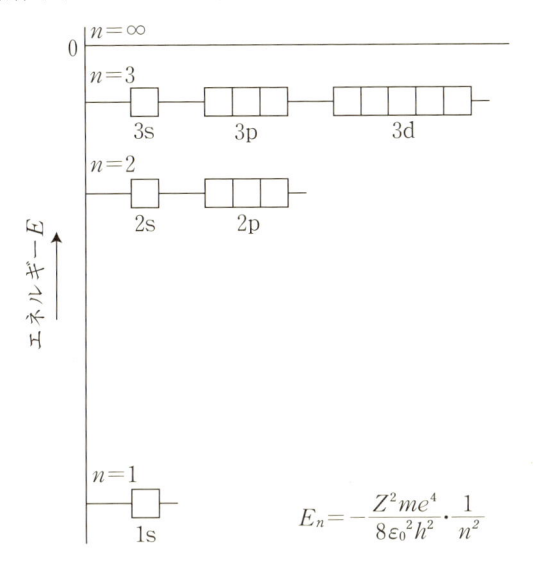

$$E_n = -\frac{Z^2 me^4}{8\varepsilon_0^2 h^2} \cdot \frac{1}{n^2}$$

● 原子軌道の動径依存性

ここで，水素様原子の動径関数 $R_{n,l}(r)$ の具体式をいくつか記しておきましょう（表7.2）。あわせて $R_{n,l}(r)$ の概形図も載せておきます（図7.4）。

表7.2 ● 水素様原子の動径関数 $R_{n,l}(r)$ の具体式

$$R_{1s}(r) = \left(\frac{Z}{a_0}\right)^{\frac{3}{2}} 2e^{-\frac{Zr}{a_0}}$$

$$R_{2s}(r) = \left(\frac{Z}{a_0}\right)^{\frac{3}{2}} \frac{1}{\sqrt{2}} \left(1 - \frac{1}{2}\frac{Zr}{a_0}\right) e^{-\frac{Zr}{2a_0}}$$

$$R_{2p}(r) = \left(\frac{Z}{a_0}\right)^{\frac{3}{2}} \frac{1}{2\sqrt{6}} \frac{Zr}{a_0} e^{-\frac{Zr}{2a_0}}$$

$$R_{3s}(r) = \left(\frac{Z}{a_0}\right)^{\frac{3}{2}} \frac{2}{3\sqrt{3}} \left\{1 - \frac{2}{3}\frac{Zr}{a_0} + \frac{2}{27}\left(\frac{Zr}{a_0}\right)^2\right\} e^{-\frac{Zr}{3a_0}}$$

$$R_{3p}(r) = \left(\frac{Z}{a_0}\right)^{\frac{3}{2}} \frac{8}{27\sqrt{6}} \frac{Zr}{a_0} \left(1 - \frac{1}{6}\frac{Zr}{a_0}\right) e^{-\frac{Zr}{3a_0}}$$

$$R_{3d}(r) = \left(\frac{Z}{a_0}\right)^{\frac{3}{2}} \frac{4}{81\sqrt{30}} \left(\frac{Zr}{a_0}\right)^2 e^{-\frac{Zr}{3a_0}}$$

$$\left(a_0 はボーア半径,\ a_0 = \frac{4\pi\varepsilon_0 \hbar^2}{me^2}\right)$$

図7.4●水素様原子の動径関数 $R_{n,l}(r)$ の概形

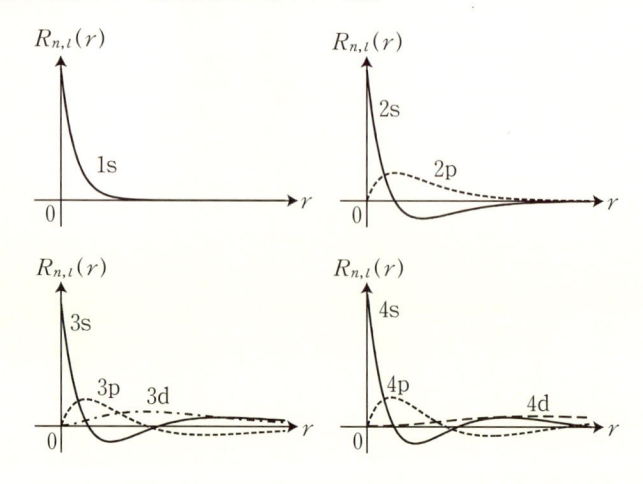

電子分布の動径依存性を検討するには，電子の存在確率 $R_{n,l}(r)^2$ を求めればよいと考えられるでしょう。しかし，$R_{n,l}(r)^2$ は原子核から r の距離にある空間の「ある1点」に電子が存在する確率を表すのであって，通常興味があるのは角座標 θ, φ に関係なく原子核から r の距離に電子が存在する確率です。すなわち，半径 r で厚さ dr の球状の殻の中に電子を見出す確率を計算しなければなりません（図7.5）。

図7.5●原子核から r の距離に存在する電子

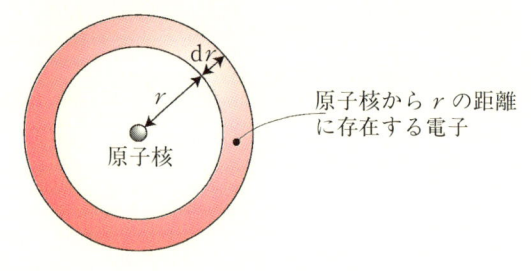

原子核から r の距離にある球状の殻の体積は $4\pi r^2 dr$ ですから，$4\pi r^2 \times R_{n,l}(r)^2$ に電子の存在確率は比例することになります。したがって，$r^2 \times R_{n,l}(r)^2$ の大きさから電子分布の動径依存性が把握できるのです。このような電子分布の動径 r 依存性を示したグラフが図7.6

のものです。それぞれの原子軌道の広がり方に注目しておきましょう。

図7.6 ●電子分布の動径 r 依存性

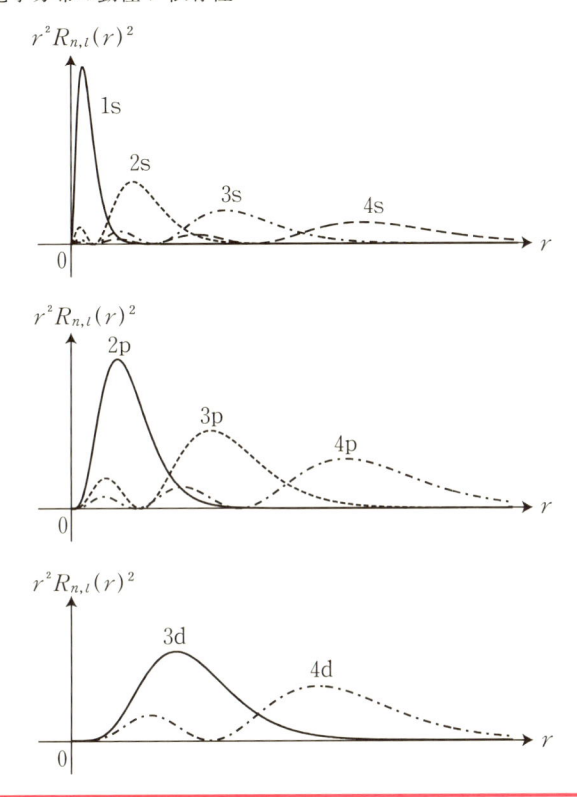

> **実習問題 7-1**
>
> 水素様原子の1s軌道電子の存在確率が最大となる原子核からの距離を求めよ。なお、1s軌道の動径関数 $R_{1s}(r)$ は、次式で与えられる。
>
> $$R_{1s}(r) = \left(\frac{Z}{a_0}\right)^{\frac{3}{2}} 2e^{-\frac{Zr}{a_0}}$$

解答&解説

原子核から r の距離にある球状の殻の体積は $4\pi r^2 \mathrm{d}r$ なので、$4\pi r^2 R_{n,l}(r)^2$ に動径方向の分布関数 $D(r)$ は比例します。

講義07 ●水素様原子

$$D(r) = \boxed{\text{(a)}} = 16\pi\left(\frac{Z}{a_0}\right)^3 r^2 e^{-\frac{2Zr}{a_0}}$$

そこで，この $D(r)$ の値が最大となる r を求めればよいわけです。$D(r)$ を r で微分すると

$$\frac{\mathrm{d}D(r)}{\mathrm{d}r} = 16\pi\left(\frac{Z}{a_0}\right)^3 \left(2r - r^2\frac{2Z}{a_0}\right)e^{-\frac{2Zr}{a_0}}$$

$D(r)$ を極大にする $r_{\max}$ の値は，$\mathrm{d}D(r)/\mathrm{d}r=0$ を解くと求まります。

$$r_{\max} = \boxed{\text{(b)}}$$

水素原子では $Z=1$ であり，1s 軌道状態の電子の存在確率が最大となる半径はボーア半径 a_0 に一致しています。

$r_{\max} = \boxed{\text{(b)}}$ の式から，同じ 1s 軌道であっても，原子番号 Z が増加すると「収縮」することがわかります。たとえば，原子番号が 2 番のヘリウム陽イオン He^+ の 1s 軌道は，水素原子の 1s 軌道の半分に収縮しているのではないかと予想できます（図 7.7）。★

図7.7 ● 原子軌道の収縮

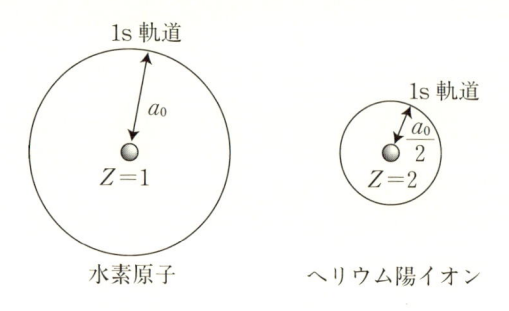

1s 軌道　　　　　　1s 軌道
a_0　　　　　　　$\frac{a_0}{2}$
$Z=1$　　　　　　　$Z=2$
水素原子　　　　　ヘリウム陽イオン

....

(a) $4\pi r^2 R_{1\mathrm{s}}(r)^2$ (b) $\dfrac{a_0}{Z}$

●原子軌道の角度依存性

原子軌道の動径依存性は，動径関数 $R_{n,l}(r)$ によって定まっていました。一方，原子軌道の角度依存性は，球面調和関数 $Y_{l,m}(\theta, \varphi)$ によって決まります。

方位量子数 $l=0$ である s 軌道を表す関数は $Y_{0,0}(\theta, \varphi) = 1/\sqrt{4\pi}$ です。この関数は，角度 θ と φ によらない一定値です。そこで，s 軌道は球対称な形をしていて，波動関数の値は原子核からの距離 r のみに依存することがわかります。

$l=1$ である p 軌道を表す関数は $Y_{1,0}(\theta, \varphi), Y_{1,1}(\theta, \varphi), Y_{1,-1}(\theta, \varphi)$ の3種類があります。$Y_{1,0}(\theta, \varphi)$ は実数の関数であり，

$$Y_{1,0} = \sqrt{\frac{3}{4\pi}} \cos\theta = \sqrt{\frac{3}{4\pi}} \frac{z}{r}$$

です。この式の値は $\theta=0$ で最大となりますから，原子核からの距離 r が同じなら $\theta=0$ の角度方向，つまり z 軸方向で波動関数の値が最大になるわけです。そこで，この関数 $Y_{1,0}(\theta, \varphi)$ は p_z と表記されます。

磁気量子数 $m \neq 0$ のときは $m=0$ の場合と異なり $Y_{l,m}(\theta, \varphi)$ が複素数の関数なので，そのままでは扱いに不便です。そこで，$Y_{l,m}(\theta, \varphi)$ をそのまま用いるのではなく

$$Y_{l,m}{}^+ = \frac{Y_{l,m} + Y_{l,-m}}{\sqrt{2}}$$

$$Y_{l,m}{}^- = \frac{Y_{l,m} - Y_{l,-m}}{\sqrt{2}\,i}$$

で定義される $Y_{l,m}{}^+(\theta, \varphi)$ と $Y_{l,m}{}^-(\theta, \varphi)$ を用います。$\sqrt{2}$ で割っているのは規格化のためです。

たとえば，$l=1$ の場合は，原子軌道の表現として

$$Y_{1,1}{}^+ = \frac{Y_{1,1} + Y_{1,-1}}{\sqrt{2}} = \frac{\sqrt{\frac{3}{8\pi}} \sin\theta\,(e^{i\varphi} + e^{-i\varphi})}{\sqrt{2}}$$

ここで，$e^{i\varphi} = \cos\varphi + i\sin\varphi$ より，

$$e^{i\varphi} + e^{-i\varphi} = 2\cos\varphi$$

よって，

$$Y_{1,1}{}^+ = \sqrt{\frac{3}{4\pi}} \sin\theta \cos\varphi = \sqrt{\frac{3}{4\pi}} \frac{x}{r} \quad (\because x = r\sin\theta\cos\varphi)$$

同様にして,

$$Y_{1,1}{}^- = \frac{Y_{1,1} - Y_{1,-1}}{\sqrt{2}\,i} = \sqrt{\frac{3}{4\pi}} \sin\theta \sin\varphi = \sqrt{\frac{3}{4\pi}} \frac{y}{r}$$

を用います。そして,p_zと同じ要領で $Y_{1,1}{}^+(\theta,\varphi)$, $Y_{1,1}{}^-(\theta,\varphi)$ をそれぞれ p_x, p_y と表記します。$l=2$ の d 軌道の場合も同様の取り扱いがされています(表7.3)。

表7.3●原子軌道関数の角度依存性

l	m	$Y_{l,m}(\theta,\varphi)$	原子軌道 (極座標表示)	原子軌道 (直交座標表示)
0	0	$\frac{1}{\sqrt{4\pi}}$	s : $\frac{1}{\sqrt{4\pi}}$	$\frac{1}{\sqrt{4\pi}}$
1	0	$\sqrt{\frac{3}{4\pi}}\cos\theta$	p_z : $\sqrt{\frac{3}{4\pi}}\cos\theta$	$\sqrt{\frac{3}{4\pi}}\frac{z}{r}$
	+1	$\sqrt{\frac{3}{8\pi}}\sin\theta\, e^{i\varphi}$	p_x : $\sqrt{\frac{3}{4\pi}}\sin\theta\cos\varphi$	$\sqrt{\frac{3}{4\pi}}\frac{x}{r}$
	−1	$\sqrt{\frac{3}{8\pi}}\sin\theta\, e^{-i\varphi}$	p_y : $\sqrt{\frac{3}{4\pi}}\sin\theta\sin\varphi$	$\sqrt{\frac{3}{4\pi}}\frac{y}{r}$
2	0	$\sqrt{\frac{5}{16\pi}}(3\cos^2\theta-1)$	d_{z^2} : $\sqrt{\frac{5}{16\pi}}(3\cos^2\theta-1)$	$\sqrt{\frac{5}{16\pi}}\frac{2z^2-x^2-y^2}{r^2}$
	+1	$\sqrt{\frac{15}{8\pi}}\sin\theta\cos\theta\, e^{i\varphi}$	d_{zx} : $\sqrt{\frac{15}{4\pi}}\sin\theta\cos\theta\cos\varphi$	$\sqrt{\frac{15}{4\pi}}\cdot\frac{zx}{r^2}$
	−1	$\sqrt{\frac{15}{8\pi}}\sin\theta\cos\theta\, e^{-i\varphi}$	d_{yz} : $\sqrt{\frac{15}{4\pi}}\sin\theta\cos\theta\sin\varphi$	$\sqrt{\frac{15}{4\pi}}\cdot\frac{yz}{r^2}$
	+2	$\sqrt{\frac{15}{32\pi}}\sin^2\theta\, e^{2i\varphi}$	$d_{x^2-y^2}$: $\sqrt{\frac{15}{16\pi}}\sin^2\theta\cos 2\varphi$	$\sqrt{\frac{15}{16\pi}}\cdot\frac{x^2-y^2}{r^2}$
	−2	$\sqrt{\frac{15}{32\pi}}\sin^2\theta\, e^{-2i\varphi}$	d_{xy} : $\sqrt{\frac{15}{16\pi}}\sin^2\theta\sin 2\varphi$	$\sqrt{\frac{15}{4\pi}}\cdot\frac{xy}{r^2}$

これら原子軌道関数の角度依存部分について,各方向における角度部分の関数値の絶対値をベクトル長として,座標原点から当該方向を向いたベクトルの先端が描く図形を描いておきましょう。これにより原子軌道の角度依存性を視覚的に表現したものが図7.8です。

図7.8 ● 原子軌道関数の角度依存性の表現図

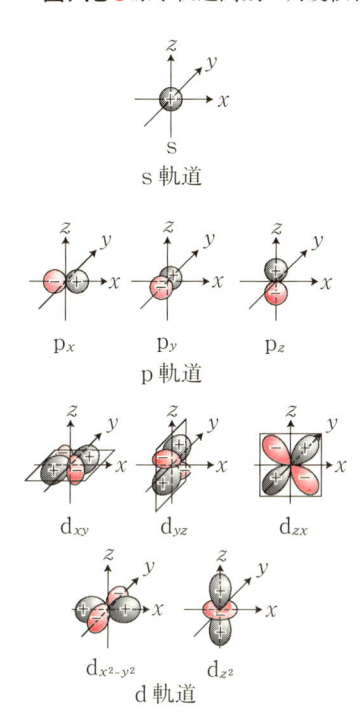

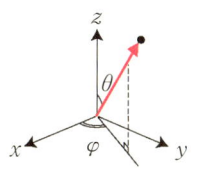

s 軌道

p 軌道 (p_x, p_y, p_z)

d 軌道 (d_{xy}, d_{yz}, d_{zx}, $d_{x^2-y^2}$, d_{z^2})

(θ, φ) 方向に，
　長さ＝$|(\theta, \varphi)$ での関数値$|$
のベクトルを考え，その先端に
点を打っていく．

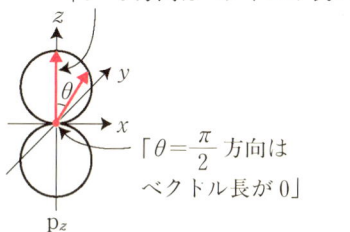

「$\theta=0$ 方向はベクトルが長い」

「$\theta=\dfrac{\pi}{2}$ 方向は
　ベクトル長が0」

p_z

たとえば，p_z の図から p_z 軌道は $\theta=\dfrac{\pi}{2}$（つまり xy 平面内）で 0 となり，$\theta=0$（つまり z 方向）で最大となる関数とわかる．

講義07 ● 水素様原子

講義 LECTURE 08 多電子原子

●道案内

　前回の講義では，水素様原子とよばれる原子核1個と電子1個からなる系を扱いました。しかし，原子中では2個以上の電子が運動していることが一般的です。今回はこのような多電子原子を扱います。

　多電子原子の場合，水素様原子と異なって電子間に相互作用が働きます。そこで，この相互作用をどのように処理するかが問題になります。今回の講義により，一定の近似の下，多電子原子中の電子は，別々に水素様原子同様の原子軌道に収容されていると考えてよいことがわかるでしょう。ただし，エネルギー準位が方位量子数 l にも依存する点が水素様原子と異なります。

　つぎに，電子スピンについて学びます。電子スピンを理解したら，パウリの排他原理やフントの規則を含む構成原理を覚えましょう。そして，多電子原子の電子配置を独力で構成できるようになってください。

●多電子原子のシュレーディンガー方程式

　それでは，多電子原子の電子状態を量子力学的に考察していきましょう。多電子原子の取り扱いも，原理的には水素様原子と変わるところがありません。ハミルトニアン $\hat{H}$ を表示してシュレーディンガー方程式をつくり，その式を解けばよいのです。

　原子核の大きさおよびその運動は無視するとして，陽子数 Z，電子数 N の原子のハミルトニアン $\hat{H}$ は，

$$\hat{H} = \sum_{i=1}^{N}\left[-\frac{\hbar^2}{2m}\nabla_i^2 - \frac{Ze^2}{4\pi\varepsilon_0 r_i}\right] + \sum_{i>j}\frac{e^2}{4\pi\varepsilon_0 r_{ij}}$$

式の［　］内はi番目の電子の座標のみに関する演算子で，陽子数Zの水素様原子のハミルトニアンと同一です。この部分を$\hat{h}_i$と表すことにしましょう。

$$\hat{h}_i = -\frac{\hbar^2}{2m}\nabla_i^2 - \frac{Ze^2}{4\pi\varepsilon_0 r_i}$$

r_{ij}はi番目とj番目の電子間の距離であり，これを含む項が電子どうしの相互作用を表しています。$i>j$とするのは，電子間相互作用を二重に数えないようにするためです(図8.1)。

図8.1●多電子原子

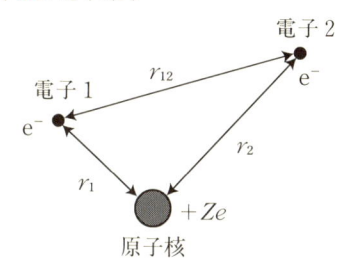

電子1および電子2と原子核間には引力が，電子1,2間には斥力が働いている。

このように，多電子原子についてシュレーディンガー方程式を書き下すこと自体はそれほど困難な作業ではありません。しかし方程式を解く作業は，水素様原子の場合と異なり困難をともないます。たとえば電子を2個しかもたないヘリウム原子の場合でさえ，方程式を厳密に解くこ

図8.2●電子間の相互作用

電子間に相互作用があるため，個々の電子の運動が独立していない。

電子2の運動に電子1の運動が影響されるね

とはできず，近似的な取り扱いをしなければならないのです。

多電子原子のシュレーディンガー方程式を解くことが困難である大きな理由は，電子間に斥力が働くため，1つの電子の運動が他の電子の運動に関わっていることにあります(図8.2)。

●独立電子近似

電子間に相互作用があるため方程式を厳密に解くことができないのですから，相互作用をひとまず無視してしまえば方程式を解くことができるはずです。そこで，電子間相互作用を無視した**独立電子近似**の扱いを試みてみましょう。

さて，先に指摘したとおり，$\hat{h}_i$ は水素様原子のハミルトニアンと同一ですからつぎの関係式が成立します。

$$\hat{h}_i \phi_{n_i, l_i, m_i}(r_i, \theta_i, \varphi_i) = \varepsilon_i \phi_{n_i, l_i, m_i}(r_i, \theta_i, \varphi_i)$$

$$\phi_{n_i, l_i, m_i}(r_i, \theta_i, \varphi_i) = R_{n_i, l_i}(r_i) Y_{l_i, m_i}(\theta_i, \varphi_i)$$

$$\varepsilon_i = -\frac{Z^2 m e^4}{8\varepsilon_0^2 h^2} \cdot \frac{1}{n_i^2} \quad (n_i = 1, 2, 3, \cdots)$$

ここで，$\phi_{n,l,m}(r, \theta, \varphi)$ は水素様原子における原子軌道と同一の関数です。

今，仮に電子間の相互作用を完全に無視するとして，ハミルトニアンにおける電子間の相互作用項を省略してしまうと

$$\hat{H}_0 = \sum_{i=1}^{N} \left[-\frac{\hbar^2}{2m}\nabla_i^2 - \frac{Ze^2}{4\pi\varepsilon_0 r_i} \right] = \sum_{i=1}^{N} \hat{h}_i$$

そして，つぎの演習問題を解けば，シュレーディンガー方程式 $\hat{H}_0 \Psi = E\Psi$ の解は，

$$\Psi = \phi_1(r_1, \theta_1, \varphi_1) \cdot \phi_2(r_2, \theta_2, \varphi_2) \cdots \phi_N(r_N, \theta_N, \varphi_N)$$

$$E = \varepsilon_1 + \varepsilon_2 + \cdots + \varepsilon_N$$

となることがわかります。

> **演習問題 8-1**
>
> N 電子系のハミルトニアン $\hat{H}$ が，個々の電子のハミルトニアン $\hat{h_i}$ の和 $\hat{H}=\sum_{i=1}^{N}\hat{h_i}$ で与えられる場合，$\hat{h_i}\phi_i=\varepsilon_i\phi_i$ が成立すれば，$\Psi=\phi_1\cdot\phi_2\cdots\cdots\phi_N$ が $\hat{H}$ の固有関数であり，
> $$E=\varepsilon_1+\varepsilon_2+\cdots+\varepsilon_N$$
> が対応するエネルギー固有値となることを示せ。

解答&解説

演算子 $\hat{h_i}$ に含まれる変数は i 番目の電子座標だけであり，Ψ のうちこの変数を含む部分は ϕ_i だけです。そのため，Ψ に左から演算子 $\hat{h_i}$ を作用させた場合，ϕ_i 以外の ϕ は $\hat{h_i}$ の作用を受けませんから，ϕ_i のところまで $\hat{h_i}$ を移動させることができます。したがって，

$$\begin{aligned}\hat{H}\Psi &= \sum_{i=1}^{N}\hat{h_i}(\phi_1\cdot\phi_2\cdots\cdots\phi_N) \\ &= (\hat{h_1}\phi_1)\phi_2\cdots\phi_N+\phi_1(\hat{h_2}\phi_2)\cdots\phi_N \\ &\quad+\cdots+\phi_1\phi_2\cdots(\hat{h_N}\phi_N) \\ &= (\varepsilon_1\phi_1)\phi_2\cdots\phi_N+\phi_1(\varepsilon_2\phi_2)\cdots\phi_N \\ &\quad+\cdots+\phi_1\phi_2\cdots(\varepsilon_N\phi_N) \\ &= (\varepsilon_1+\varepsilon_2+\cdots+\varepsilon_N)\phi_1\phi_2\cdots\phi_N \\ &= (\varepsilon_1+\varepsilon_2+\cdots+\varepsilon_N)\Psi\end{aligned}$$

以上から，電子間の相互作用を無視した独立電子近似の場合，多電子原子中の電子運動とエネルギーが，独立に運動する個々の電子の原子軌道関数と軌道エネルギーを用いて表され，①多電子系の波動関数は1電子系の波動関数の積となり，②多電子系のエネルギーは1電子系のエネルギーの単純な和となることがわかります。★

●多電子原子の原子軌道

　電子間の相互作用を完全に無視してしまえば，多電子原子の電子状態とエネルギーは独立に運動する個々の電子の原子軌道関数と軌道エネルギーを用いて簡単に表現できました。このことは多電子原子の電子状態を，あたかも「多数の電子が水素様原子で学んだ原子軌道に独立に配置されている状態」ととらえられることを意味します。

　ただ，実際には電子間の相互作用は重要であり，これを完全に無視すると大きく正確さを欠くことになります。しかし，そのまま厳密に考慮しようとするとシュレーディンガー方程式が解けません。そこで，近似的に相互作用を考慮することが必要となるのです。

　近似的方法としては，1つの電子 e_i が他の電子のつくる「平均場」を運動しているととらえ，この電子と他のすべての電子との相互作用を e_i の位置座標 r_i のみの関数として表現することが考えられます(図8.3)。

図8.3● 平均場近似

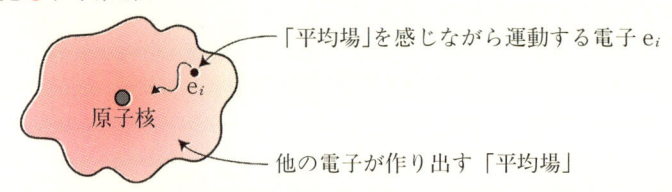

「平均場」を感じながら運動する電子 e_i
原子核
他の電子が作り出す「平均場」

　このような取り扱いをすれば，ハミルトニアン $\hat{H}$ が個々の電子の寄与の単純な和で表現されますから，多電子原子中の電子状態とエネルギーは，個々の電子の原子軌道関数と軌道エネルギーを用いて簡単に表現できます。すなわち独立電子近似の場合同様，①多電子系の波動関数は1電子系の波動関数の積となり，②多電子系のエネルギーは1電子系のエネルギーの単純な和で与えられるのです。

$$\Psi = \phi_1 \cdot \phi_2 \cdots \phi_N$$
$$E = \varepsilon_1 + \varepsilon_2 + \cdots + \varepsilon_N$$

　この「平均場近似」で得られる多電子原子の波動関数およびエネルギー準位の特徴を，水素様原子の場合と比較しておきましょう。

個々の電子の状態 ϕ_i は，水素様原子の場合に類似した 1s, 2s, 2p などの原子軌道にしたがいます。多電子原子中の各電子は，水素様原子の原子軌道とほぼ同様な原子軌道に入っていると考えて問題ありません。

ただし，エネルギー準位については，水素様原子の場合は主量子数 n だけで決まっていたのに対して，多電子原子では n が同じでも方位量子数 l が小さいほどエネルギー準位が低くなります。これはとても重要な特徴です。

$$\text{エネルギー準位：} n\text{s} < n\text{p} < n\text{d}$$

l の値が小さいほどエネルギー準位が低くなる理由は，l が小さいほど電子が原子核のごく近くに存在する確率が高いため，平均としてより強い引力を原子核から受けるからと考えられます。

以上から，多電子原子の原子軌道の簡単なエネルギー準位は図 8.4 のようになります。水素様原子の場合(図 7.3)と比較してみてください。

図8.4 ● 多電子原子の原子軌道のエネルギー準位

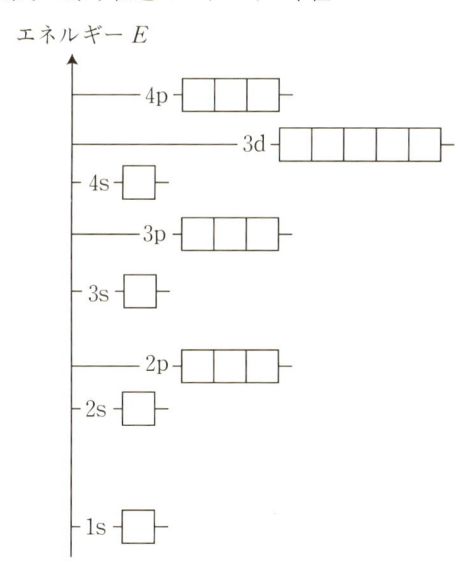

● 電子スピン

多電子原子中の電子も水素様原子同様，個々に 1s, 2s, 2p などの原子

軌道に入っていると考えてよいことがわかりました。では，多数の電子はこれらの各原子軌道にどのように配置されているのでしょうか。

単純に考えれば，最もエネルギーの低い 1s 軌道にすべての電子が配置されるように思えます。事実，水素原子 H の基底状態は $(1s)^1$ の電子配置であり，ヘリウム原子の基底状態は $(1s)^2$ の電子配置です。では，原子番号 3 番のリチウム Li の電子配置はどうなのでしょうか。予想どおり $(1s)^3$ の電子配置なのでしょうか。

事実は異なっています。リチウム Li の電子配置は $(1s)^2(2s)^1$ であって $(1s)^3$ の電子配置とはなっていません（図 8.5）。なぜ $(1s)^3$ の電子配置とならないのかは不思議なところでしょうが，これには**電子スピン (electron spin)** とよばれる電子の自転運動にともなう角運動量が深く関係しています。電子は，原子核のまわりを運動しているだけでなく，自らの自転運動も行っているのです。

図8.5● リチウム Li の電子配置

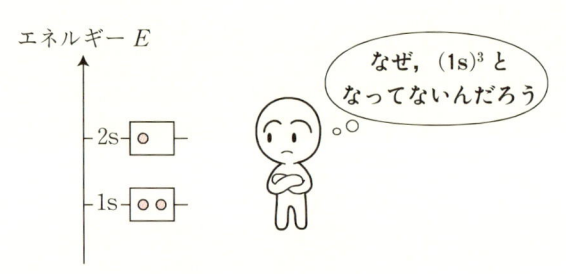

リチウム Li の基底状態の電子配置

この電子のスピンを量子力学的に考えるために，すでに学んだ軌道角運動量と似た**スピン角運動量**を導入しましょう。スピン角運動量演算子を $\hat{S}$，その z 成分を $\hat{S}_z$ とすると，軌道角運動量の場合との類推により，① S^2 の固有値は $s(s+1)\hbar^2$ であり，② 対応する $\hat{S}_z$ の固有値 m_s は $-s\hbar, (-s+1)\hbar, \cdots, s\hbar$ の計 $(2s+1)$ 個があると考えられます。ここで，s は**スピン量子数 (spin quantum number)**，m_s は**スピン磁気量子数 (spin magnetic quantum number)** とよばれる量子数です。

詳細は省きますが，実験によりスピン磁気量子数 m_s には 2 通りの値

しか許されないことがわかっています。したがって、$2s+1=2$ が成り立つので、$s=1/2$, $m_s=±1/2$ であると結論されます。

このようにスピン量子数は半整数であって、s のとり得る値は 1 つ($s=1/2$)しかありません。その結果として、m_s の値も $±1/2$ の 2 通りしかありません(図 8.6)。しばしば、$m_s=+1/2$ に対応する固有関数を $α$、$m_s=-1/2$ に対応する固有関数を $β$ と記し、それぞれ**上向きスピン(up-spin)**状態、**下向きスピン(down-spin)**状態とよびます。

図8.6● 電子スピン

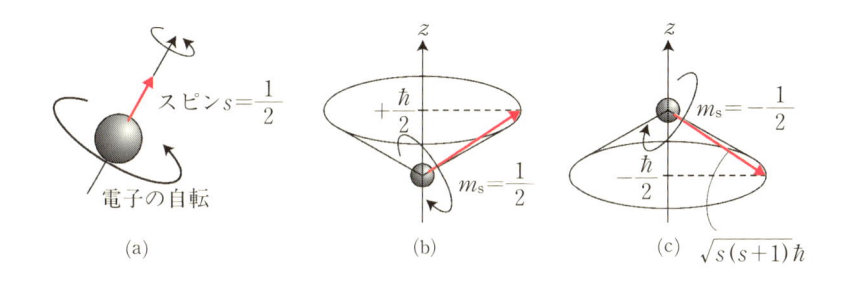

(a) 電子の自転 スピン $s = \dfrac{1}{2}$

(b) $+\dfrac{\hbar}{2}$, $m_s = \dfrac{1}{2}$

(c) $m_s = -\dfrac{1}{2}$, $-\dfrac{\hbar}{2}$, $\sqrt{s(s+1)}\hbar$

●パウリの排他原理

リチウム Li の電子配置はなぜ $(1s)^3$ とはなっていないのでしょうか。電子配置によって原子の化学的性質がおよそ決まってくることを考えれば、これは非常に重要な問題といえます。

この問題に対する回答はパウリによって与えられ、つぎのようにまとめられています。

> 各軌道には、2 個までしか電子を収容できない。そして、同一軌道に同じスピンの電子を 2 個収容することは不可能であり、$α$ スピン、$β$ スピンの電子を各 1 個までしか収容できない。

これを**パウリの排他原理(Pauli's exclusion principle)**といいます(図 8.7)。

図8.7● パウリの排他原理

1つの軌道に対して許される電子配置は，以下の4通りだけである。

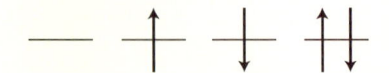

— ↑ ↓ ↑↓

(↑は上向きスピン状態，↓は下向きスピン状態を表している。)

● 構成原理

多電子原子における原子軌道とパウリの排他原理を理解したところで，原子の基底状態における電子配置を決める**構成原理**(building-up principle)(❶〜❺)を覚えておきましょう。

> ❶電子はエネルギーの低い原子軌道から順番に収容される。
> ❷原子軌道のエネルギーは低いものから順につぎのようである。
>
> $1s<2s<2p<3s<3p<(4s,3d)<4p<(5s,4d)$
> $<5p<(6s,4f,5d)<6p<(7s,5f,6d)$
>
> (ただし，( )内の軌道は原則として左側の方が低いものの，順序が逆になることもある。)
> ❸パウリの排他原理にしたがう。つまり，1つの軌道に対する電子配置は，図8.7の4通りしかない。
> ❹ある1つの主量子数に対して，
>   s 軌道は1種類であり，2個まで電子を収容できる。
>   p 軌道は3種類であり，計6個まで電子を収容できる。
>   d 軌道は5種類であり，計10個まで電子を収容できる。
>   f 軌道は7種類であり，計14個まで電子を収容できる。
> ❺同一エネルギーの軌道(たとえば，$2p_x$ と $2p_y$)に2個以上の電子が配置されるときは，つぎの**フントの規則**(Hund's rule)にしたがう。
>   規則(1)　電子はできる限り別々の軌道に入る。
>   規則(2)　電子スピンの向きはできる限りそろえて入る。

複数の電子が同一軌道に入っているよりも，別々の軌道に入っている方が平均として電子間距離が大きくなるので電子間の反発が弱く，エネルギー的に安定となります(フントの規則(1))。また，スピンの向きがそろっている電子は互いによけあうように振る舞うため，安定な状態となります(フントの規則(2))。

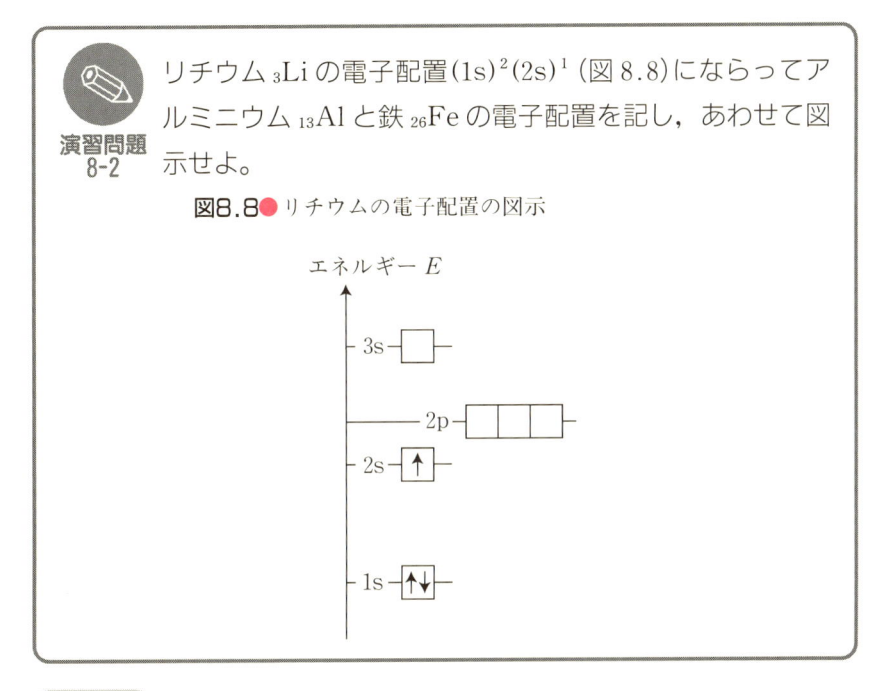

演習問題 8-2 リチウム $_3$Li の電子配置 $(1s)^2(2s)^1$ (図 8.8)にならってアルミニウム $_{13}$Al と鉄 $_{26}$Fe の電子配置を記し，あわせて図示せよ。

図8.8 ● リチウムの電子配置の図示

```
エネルギー E
            │
            │   3s □
            │
            │   2p □□□
            │   2s [↑]
            │
            │
            │   1s [↑↓]
            │
```

解答＆解説

原子の電子数は原子番号に一致するから，アルミニウム $_{13}$Al と鉄 $_{26}$Fe の電子数はそれぞれ 13 個，26 個です。これだけの電子を構成原理にしたがって配置すればよいことになります。4s 軌道のエネルギー準位の方が 3d 軌道のエネルギー準位よりも低いこと，$_{26}$Fe の場合はフントの規則を考慮しなければならないことに注意して配置しましょう。

なお，種々の原子の電子配置が巻末の表にまとめてありますので参考にしてください。

講義08 ● 多電子原子

図8.9 ●アルミニウム $_{13}$Al と鉄 $_{26}$Fe の電子配置

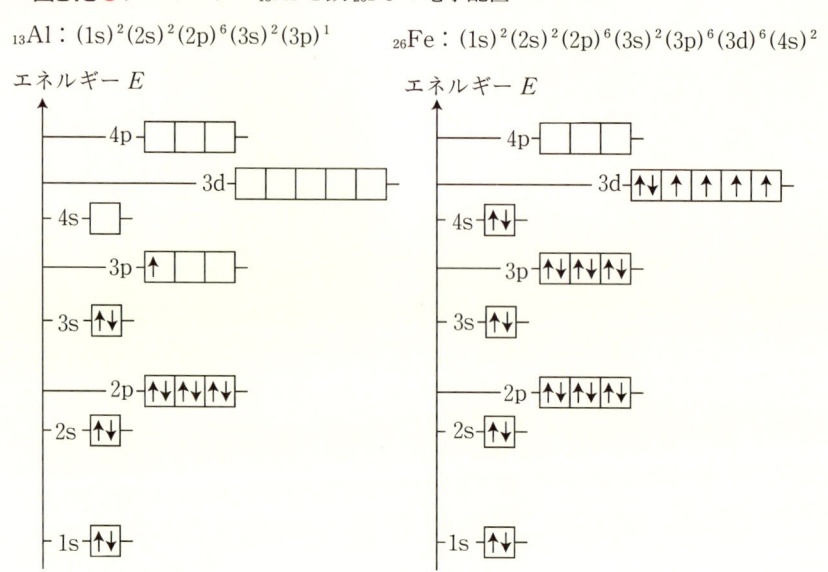

$_{13}$Al：$(1s)^2(2s)^2(2p)^6(3s)^2(3p)^1$　　　$_{26}$Fe：$(1s)^2(2s)^2(2p)^6(3s)^2(3p)^6(3d)^6(4s)^2$

講義 LECTURE 09 変分法

● 道案内

　ここまでは，単独に存在する原子の電子状態を量子力学的に扱ってきました。しかし，現実には原子状態で遊離しているものは数少なく，原子どうしが結びついている場合が多いのです。たとえば，水素は水素原子 H の状態ではなく，水素分子 H_2 として通常存在しています。そこで，分子を量子力学的に扱う手段も学んでおかなければなりません。

　図9.1 ● 分子も量子力学的に扱おう

（吹き出し：原子だけでなく分子も量子的に扱おう／分子／原子）

　もっとも分子は単独の原子以上に複雑な系ですから，シュレーディンガー方程式の近似的な取り扱いが必須です。そこで変分原理を知ってもらい，近似手段の中でも最も有用といえるリッツの変分法を習得してもらいます。変分法に対しては，「複雑そうで嫌だ」という印象を抱く人も多いかもしれません。しかし，量子化学にとって必携の道具といえるものなのです。少なくともその使い方だけは覚えてしまって，リッツの変分法を独力で利用できるようになってください。

●分子軌道

多電子原子中の電子状態は，各電子が原子軌道(atomic orbital：AO)に入っている状態ととらえることができました。そして，構成原理に基づいて基底状態の電子配置を組み立てることが可能となりました。では，複数個の原子が結びついた分子中の電子状態は，どのようにとらえられるのでしょうか。

結論からいうと，分子中の電子状態も多電子原子の場合同様，各電子が特定の「軌道」に入っている状態として把握することができます。この「軌道」は分子中の「軌道」なので，**分子軌道(molecular orbital：MO)** とよばれています。原子における電子配置の構成原理は，そっくりそのまま分子中の電子配置にも応用できますから，これを利用して分子の基底状態などを考察することができます。原子の性質がその電子配置で決まっていたことから推測すると，分子の性質もその電子配置で決まってくるのではと考えられるでしょう。

1s軌道などの原子軌道は，原子全体に広がった軌道でした。分子軌道は，分子全体に広がっている軌道です(図9.2)。この分子軌道を用いていろいろな問題を理論的に考察する方法が，**分子軌道法(molecular orbital method)** です。

図9.2●原子軌道AOと分子軌道MO

分子軌道は分子全体に広がっている

原子(atom)　　　　　分子(molecule)

原子軌道　　　　　　分子軌道
(atomic orbital：AO)　(molecular orbital：MO)

ところで，分子中の電子状態を量子力学的に扱おうとすると，多電子原子の場合と同じ困難にぶつかってしまいます。すなわち，分子は複数の原子から構成されていますから，電子はもちろんのこと原子核も複数

あります。そのため，多電子原子の場合よりも一層強い意味でシュレーディンガー方程式を厳密に解くことが不可能なのです。

そこで，やはり方程式の近似解とそれに対応するエネルギーをみつける手段が必要となってきます。その手段の中でも最も有効なものが，これから学ぶ**変分法(calculus of variation)**です。いくらか複雑な方法に感じられるかもしれませんが，方法を理解して「使えればそれでよい」と考えればよいでしょう。式変形をすること自体が目的ではないのですから，複雑そうな式に目を奪われず結論を取り入れましょう。

●変分原理

まずは，変分法の出発点である**変分原理(variation principle)**の紹介からです。つぎのシュレーディンガー方程式

$$\hat{H}\Psi = E\Psi$$

の両辺に Ψ^* を左からかけて，全運動空間 $\mathrm{d}\tau$ にわたって積分してみます。

$$\int \Psi^* \hat{H} \Psi \, \mathrm{d}\tau = E \int \Psi^* \Psi \, \mathrm{d}\tau$$

よって，

$$E = \frac{\int \Psi^* \hat{H} \Psi \, \mathrm{d}\tau}{\int \Psi^* \Psi \, \mathrm{d}\tau} \quad \cdots\cdots ①$$

が成立します。もし Ψ が規格化されていれば，分母は1となるのでより簡単な式になります。

さて，もしも正確な基底状態の波動関数 Ψ_0 が明らかになっていれば，①式に代入することにより基底状態のエネルギー E_0 を簡単に求めることができます。それでは，正確な波動関数 Ψ_0 は判明していないが E_0 の値を知りたい場合はどうしましょう。

この点に関連して，任意の関数(**試験関数(trial function)**といいます) ψ について①式により $\varepsilon(\psi)$ を求めると

$$\varepsilon(\psi) = \frac{\int \psi^* \hat{H} \psi \, d\tau}{\int \psi^* \psi \, d\tau}$$

この $\varepsilon(\psi)$ は，正確な基底状態の波動関数 $\varPsi_0$ から求まる基底状態のエネルギー E_0 よりも必ず大きな値になることが証明されています。

任意の ψ について，$\varepsilon(\psi) \geqq E_0$ ……②

これを変分原理といいます。②式のイコール（＝）は，ψ が真の基底状態の波動関数 $\varPsi_0$ と一致している場合に成立します。

任意の試験関数 ψ について $\varepsilon(\psi)$ を求めた場合，試験関数がたまたま真の基底状態の波動関数 $\varPsi_0$ に一致していたときのみ $\varepsilon(\psi) = E_0$ が成立し，それ以外では $\varepsilon(\psi) > E_0$ となるのですから，$\varepsilon(\psi)$ が E_0 にできる限り近づくような ψ を探し当てれば，その ψ は真の基底状態の波動関数のよい近似になっていると考えられるのです。このことを利用したのが変分法です（図9.3）。

図9.3●変分法

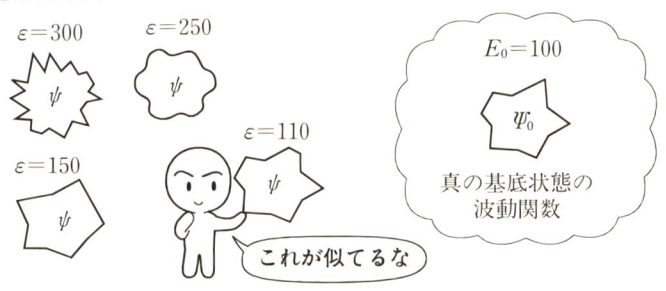

できるだけ $\varepsilon(\psi)$ が小さくなるような ψ を探し出そう。

●線形結合の方法（リッツの変分法）

できるだけ $\varepsilon(\psi)$ が小さくなるような ψ を探し出す場合，まったくでたらめな試験関数 ψ を考えて $\varepsilon(\psi)$ を計算し，その値が小さいことをただ祈るのでは非常に非能率的です。そこで，できるだけ能率的にいろいろな試験関数 ψ を試す方法が求められます。

能率的に試験関数 ψ を試すには，関数 ψ の形を，前もって用意した

図9.4 ●でたらめな試験関数 ψ

でたらめな試験関数 ψ

いくつかの関数（**基底関数(basis function)**という）の線形結合に限定する方法があります。**線形結合(linear combination)**とは，「1次式の和」と思っておけばよいでしょう。

たとえば試験関数 ψ を，基底関数 ϕ_1 と ϕ_2 の任意の線形結合で表してみましょう。

$$\psi = C_1\phi_1 + C_2\phi_2$$

この場合，C_1, C_2 を変化させると ψ が変化し，ψ は線形結合の係数 C_1, C_2 の関数になっています。そして，この C_1, C_2 の値をいろいろと変化させて $\varepsilon(\psi)$ が極小となるように調整します。

変分原理によれば，$\varepsilon(\psi)$ が極小となったときの試験関数 $\psi = C_1\phi_1 + C_2\phi_2$ が ϕ_1, ϕ_2 の線形結合で表現された試験関数のうちで，最も真の基底状態の波動関数に近いものになるわけです。これにより，近似的な波動関数を探し出すことができます。このような手続きは，**リッツの変分法(Ritz's variation method)** とよばれます（図9.5）。

図9.5 ●リッツの変分法

もちろん，より多くのパラメター(たとえば，$C_3\phi_3$)を導入するほど得られる近似的な波動関数はより正確なものとなります。そして，十分なパラメターを導入すれば真の波動関数にいくらでも近づくことが可能でしょう。しかし，実際的には，パラメターの数を増やすほど計算などにともなう労力が大きくなってしまいます。したがって，極力少ない数のパラメターでよい近似となるよう，基底関数 ϕ の選択にあたって化学的な考察が重要となってきます。

●永年方程式

　さて，規格化された基底関数を ϕ_1 および ϕ_2 とし，試験関数を $\psi = C_1\phi_1 + C_2\phi_2$ と表したとき，$\varepsilon(\psi)$ が極小となるのは C_1, C_2 の値が数学的にどのような条件を満たす場合でしょうか。少し考えれば，$\varepsilon(\psi)$ が極小となる条件なのですから

$$\frac{\partial \varepsilon}{\partial C_1} = 0, \quad \frac{\partial \varepsilon}{\partial C_2} = 0 \quad \cdots\cdots ③$$

と思いあたるはずです。

　具体的に計算を実行してみましょう。まず，実数で表された関数 $\psi = C_1\phi_1 + C_2\phi_2$ を，$\varepsilon(\psi)$ の定義式に代入すると

$$\int \psi^* \psi \, d\tau = \int \psi^2 \, d\tau = \int (C_1\phi_1 + C_2\phi_2)^2 \, d\tau$$
$$= C_1^2 \int \phi_1^2 \, d\tau + C_2^2 \int \phi_2^2 \, d\tau + 2C_1C_2 \int \phi_1\phi_2 \, d\tau$$
$$= C_1^2 + C_2^2 + 2C_1C_2 \int \phi_1\phi_2 \, d\tau$$

また，

$$\int \psi^* \hat{H} \psi \, d\tau = \int \psi \hat{H} \psi \, d\tau = C_1^2 \int \phi_1 \hat{H} \phi_1 \, d\tau + C_2^2 \int \phi_2 \hat{H} \phi_2 \, d\tau$$
$$+ 2C_1C_2 \int \phi_1 \hat{H} \phi_2 \, d\tau$$

ここで，わかりやすくするためにつぎの記号を用いましょう。

$$H_{rs} = \int \phi_r^* \hat{H} \phi_s \, d\tau, \quad S_{rs} = \int \phi_r^* \phi_s \, d\tau$$

この記号を用いて $\varepsilon(\psi)$ を表すと

$$\varepsilon(\psi) = \frac{C_1{}^2 H_{11} + C_2{}^2 H_{22} + 2C_1 C_2 H_{12}}{C_1{}^2 S_{11} + C_2{}^2 S_{22} + 2C_1 C_2 S_{12}}$$

最後に③式から，面倒な計算を行うと

$$\begin{cases} C_1(H_{11} - ES_{11}) + C_2(H_{12} - ES_{12}) = 0 \\ C_1(H_{21} - ES_{21}) + C_2(H_{22} - ES_{22}) = 0 \end{cases} \quad \cdots\cdots ④$$

(上式では，$\varepsilon(\psi)$ が真のエネルギー準位 E に近い値になっているという意味で，$\varepsilon(\psi)$ を E と書き直しました。)

得られた C_1 と C_2 についての連立方程式である④式は，**永年方程式(secular equation)** とよばれます。この式から E および対応する C_1 と C_2 の比を決めることが可能です。

なお，S は**重なり積分(overlap integral)** とよばれる値です。その名のとおり，たとえば $S_{12} = \int \phi_1{}^* \phi_2 \, d\tau$ に対する大きな寄与は，ϕ_1 と ϕ_2 の値がともに大きい領域，すなわち，2つの関数が大きく「重なっている」領域から生じます。逆に，ϕ_1 または ϕ_2 のいずれかが 0 の領域は S への寄与が 0 となります。また，ϕ_1 と ϕ_2 の値の符号が異なる領域では，$\phi_1{}^* \phi_2 < 0$ より S への寄与が負(-)になることに注意しましょう(図9.6)。

図9.6 ● 重なり積分 S

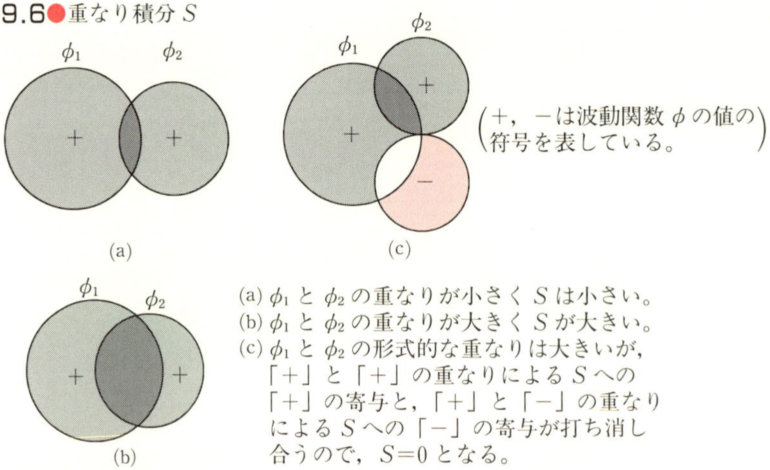

(＋，－は波動関数 ϕ の値の符号を表している。)

(a) ϕ_1 と ϕ_2 の重なりが小さく S は小さい。
(b) ϕ_1 と ϕ_2 の重なりが大きく S が大きい。
(c) ϕ_1 と ϕ_2 の形式的な重なりは大きいが，「＋」と「＋」の重なりによる S への「＋」の寄与と，「＋」と「－」の重なりによる S への「－」の寄与が打ち消し合うので，$S=0$ となる。

●永年方程式の解

先ほど導いた④の永年方程式を解いてみましょう。C_1, C_2 がともに 0 の場合に④式が成立することは簡単にわかるでしょう。しかし，この場合は ψ が恒等的に 0 となるので物理的に意味がありません。物理的に意味のある解をもつためには，④式から C_1, C_2 を消去した，つぎの関係式が満たされることが必要となります。

$$\frac{H_{11}-ES_{11}}{H_{21}-ES_{21}} = \frac{H_{12}-ES_{12}}{H_{22}-ES_{22}}$$

よって，

$$(H_{11}-ES_{11})(H_{22}-ES_{22}) - (H_{12}-ES_{12})(H_{21}-ES_{21}) = 0$$

つまり，

$$\begin{vmatrix} H_{11}-ES_{11} & H_{12}-ES_{12} \\ H_{21}-ES_{21} & H_{22}-ES_{22} \end{vmatrix} = 0$$

この左辺は，永年方程式中の C_1, C_2 の係数の行列式です。この行列式 = 0 の式から E の 2 次方程式がつくられ，そこから 2 つの根 E_0, E_1 が得られます。

この 2 つの根 E_0, E_1 は，基底状態および第一励起状態のエネルギーに対する近似値となることがわかっています。リッツの変分法の有用な特色は，基底状態についてだけでなく，励起状態のエネルギーと波動関数の近似値も同時に得られるところにあります（図 9.7）。なお，行列式の一般的な求め方は数学の本などを参照してください。

図9.7●リッツの変分法の特色

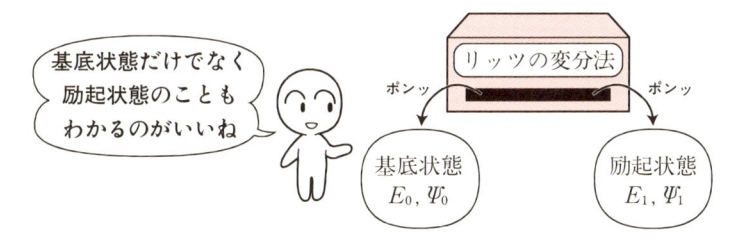

実習問題 9-1

$H_{ij} = \int \phi_i^* \hat{H} \phi_j \, d\tau$, $S_{ij} = \int \phi_i^* \phi_j \, d\tau$ として,

$H_{11} = -13 \text{ eV}$, $H_{22} = -5 \text{ eV}$, $H_{12} = H_{21} = -3 \text{ eV}$

$S_{11} = S_{22} = 1$, $S_{12} = S_{21} = 0$

のとき, 波動関数の形として $\psi = C_1 \phi_1 + C_2 \phi_2$ を仮定して, リッツの変分法によって基底状態と第一励起状態のエネルギーの近似値を求めよ。また, 対応する波動関数も記せ。

解答＆解説

問題に与えられた H_{ij} や S_{ij} を用いると, 永年方程式は,

$$\begin{cases} \text{(a)} = 0 \\ \text{(b)} = 0 \end{cases}$$

と書ける。したがって, E を求める式は,

$$\begin{vmatrix} H_{11} - ES_{11} & H_{12} - ES_{12} \\ H_{21} - ES_{21} & H_{22} - ES_{22} \end{vmatrix} = \boxed{\text{(c)}} = 0$$

よって,

$$(-13-E)(-5-E) - (-3) \cdot (-3) = E^2 + 18E + 56 = 0$$

ゆえに,

$$(E+4)(E+14) = 0 \text{ より}, \quad E = \boxed{\text{(d)}}, \boxed{\text{(e)}}$$

これより, 基底状態のエネルギー近似値 $E_0 = \boxed{\text{(d)}}$ と第一励起状態のエネルギー近似値 $E_1 = \boxed{\text{(e)}}$ が求まりました。

つぎに近似的な波動関数 ψ を求めましょう。$E_0 = \boxed{\text{(d)}}$ を永年方程式に代入すると

$$C_1 \times \{-13 - (-14)\} + C_2 \times (-3) = 0$$

よって,

$$C_1 = 3C_2$$

規格化条件より，$\int |\psi|^2 d\tau = |C_1|^2 + |C_2|^2 = 1$ が成り立つ必要があるので，

$$C_1 = \boxed{(f)}, \quad C_2 = \boxed{(g)}$$

したがって，基底状態の波動関数 ψ_1 は，

$$\psi_1 = \boxed{(f)} \phi_1 + \boxed{(g)} \phi_2$$

一方，$E_1 = \boxed{(e)}$ を永年方程式に代入すると

$$C_1 \times (-3) + C_2 \times \{-5-(-4)\} = 0$$

よって，

$$C_1 = -\frac{1}{3} C_2$$

ゆえに，規格化条件より，

$$C_1 = \boxed{(h)}, \quad C_2 = \boxed{(i)}$$

したがって，第一励起状態の波動関数 ψ_2 は，

$$\psi_2 = \boxed{(h)} \phi_1 + \boxed{(i)} \phi_2$$

　一例ではありましたが，リッツの変分法を用いてエネルギー準位や波動関数の近似解を求める雰囲気がつかめたでしょうか。★

(a) $C_1(H_{11} - ES_{11}) + C_2(H_{12} - ES_{12})$　　(b) $C_1(H_{21} - ES_{21}) + C_2(H_{22} - ES_{22})$

(c) $\begin{vmatrix} -13-E & -3 \\ -3 & -5-E \end{vmatrix}$　　(d) -14 eV　　(e) -4 eV　　(f) $\dfrac{3}{\sqrt{10}}$

(g) $\dfrac{1}{\sqrt{10}}$　　(h) $\dfrac{1}{\sqrt{10}}$　　(i) $-\dfrac{3}{\sqrt{10}}$

講義 LECTURE 10 水素分子イオンの分子軌道

●道案内

　今回の講義では，前回の講義で学んだリッツの変分法を最も簡単な分子である水素分子イオン H_2^+ に具体的に適用してみます。これにより，リッツの変分法の利用法およびその有用性が理解できると思います。さらに，計算により得られた水素分子イオン H_2^+ の分子軌道のエネルギー準位や波動関数を吟味して，原子軌道どうしの相互作用によりどのような分子軌道が形成されるのかを大まかに理解してもらいます。

図10.1 ●原子軌道 AO から分子軌道 MO をつくる

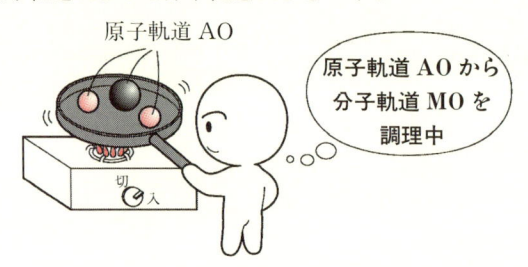

　つぎに，原子どうしを結びつけて分子を形成する力の源を学びます。これをもとに結合性軌道と反結合性軌道の特徴とは何かをおさえましょう。

　この講義の終わりには，なぜ水素原子が近づくと安定な二原子分子 H_2 が形成されるのに，ヘリウム原子が近づいても He_2 分子が形成されないのかを分子軌道法により説明できるようになるでしょう。

●水素分子イオン

　リッツの変分法の化学への応用の具体例として，最も簡単な分子である水素分子イオン H_2^+ を扱いましょう。水素分子イオン H_2^+ は陽子2個と電子1個から構成されている化学種です(図10.2)。下図において2つの核は固定され，核間距離 R が一定に保たれているとして電子の運動状態を考えてみます。

図10.2●水素分子イオン H_2^+

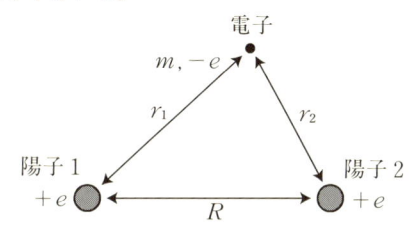

電子　$m, -e$
r_1　r_2
陽子1　$+e$　　R　　陽子2　$+e$

　この系のハミルトニアン $\hat{H}$ は

$$\hat{H} = -\frac{\hbar^2}{2m}\nabla^2 - \frac{e^2}{4\pi\varepsilon_0 r_1} - \frac{e^2}{4\pi\varepsilon_0 r_2} + \frac{e^2}{4\pi\varepsilon_0 R}$$

つぎに，水素分子イオン H_2^+ の電子状態を表す波動関数 ψ を何らかの基底関数 ϕ の線形結合で表すことを考えます。よい基底関数を選ばないと正確な波動関数に近づけませんので，基底関数 ϕ の選択にあたっては化学的な考察が重要となります。ここでは，水素分子の分子軌道は水素原子の原子軌道が「重なり合って」できていると考え

$$\psi = C_1\phi_1 + C_2\phi_2$$

と表しておきます。ここで，ϕ_1, ϕ_2 は，それぞれ陽子 1, 2 を中心とする水素原子の 1s 軌道であり

$$\phi_1 = \sqrt{\frac{1}{\pi a_0^3}}e^{-\frac{r_1}{a_0}}, \quad \phi_2 = \sqrt{\frac{1}{\pi a_0^3}}e^{-\frac{r_2}{a_0}} \quad (a_0\text{はボーア半径})$$

です。このように原子軌道(AO)の線形結合により分子軌道(MO)を表現する方法を，**LCAO(linear combination of atomic orbital)法**とよんでいます。

さて、リッツの変分法を用いると、つぎの $\varepsilon(\psi)$

$$\varepsilon(\psi) = \frac{\int \psi^* \hat{H} \psi \, d\tau}{\int \psi^* \psi \, d\tau}$$

を極小値とする C_1, C_2 について永年方程式が書き下せます。

$$\begin{cases} C_1(\alpha-E) + C_2(\beta-ES) = 0 \\ C_1(\beta-ES) + C_2(\alpha-E) = 0 \end{cases} \quad \cdots\cdots ①$$

ここで、α, β, S は以下の式で定義されます。

$$\int \phi_i^* \hat{H} \phi_j \, d\tau = \begin{cases} \alpha & (i = j) \\ \beta & (i \neq j) \end{cases}$$

$$\int \phi_i^* \phi_j \, d\tau = \begin{cases} 1 & (i = j) \\ S & (i \neq j) \end{cases}$$

α は**クーロン積分**(coulomb integral)といい、電子が ϕ_1 または ϕ_2 オービタルに閉じ込められて運動していると仮定したときのエネルギーに相当します。一方、β は**共鳴積分**(resonance integral)とよばれます。

共鳴積分 β は重なり積分 S 同様、ϕ_1 と ϕ_2 の軌道が大きく「重なる」ときにその絶対値が大きくなり、核間距離 R が大きく ϕ_1 と ϕ_2 の重な

図10.3● クーロン積分、共鳴積分、重なり積分

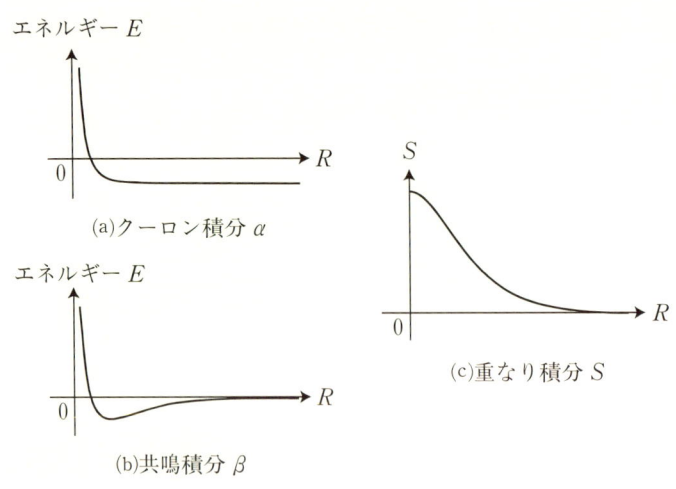

(a)クーロン積分 α

(b)共鳴積分 β

(c)重なり積分 S

りが無視できるようになれば β も S もともに 0 に収束します(図10.3)。

講義9でも指摘したとおり，①の永年方程式が物理的に意味のある解をもつためには，つぎの式が満たされなければなりません。

$$\begin{vmatrix} \alpha-E & \beta-ES \\ \beta-ES & \alpha-E \end{vmatrix} = 0$$

つまり，

$$(\alpha-E)^2 - (\beta-ES)^2 = 0$$

この E についての2次方程式の解を小さい方から順に E_0, E_1 とすると，E_0 が基底状態のエネルギーの近似値を，E_1 が第一励起状態のエネルギーの近似値をそれぞれ表します。通常の結合間距離 R においては，β の値は負であることに注意しましょう。

$$E_0 = \frac{\alpha+\beta}{1+S}, \quad E_1 = \frac{\alpha-\beta}{1-S}$$

●分子軌道の形成

様々な核間距離 R について永年方程式を解き，水素分子イオンの E_0, E_1 を求めてグラフにしてみると図10.4のようになります。

図10.4●水素分子イオンのエネルギー

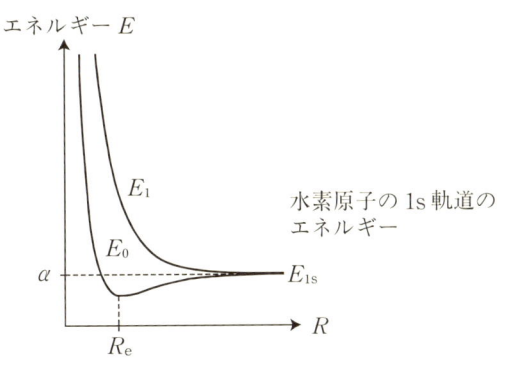

グラフから E_0 の曲線には極小部分があり，平衡核間距離 R_e でエネルギーの低い，つまり安定な結合が生じることがわかります。そこで，E_0 に対応する分子軌道 ψ_0 を**結合性軌道(bonding orbital)**といいます。

一方，E_1 の曲線は R が増加するほどエネルギーが減少しています。つまり「E_1 に対応する状態」は核間距離 R が大きいほど安定化するわけですから，分子が解離する状態に対応します。このことから E_1 に対応する分子軌道 ψ_1 は**反結合性軌道（antibonding orbital）**とよばれます。

特に平衡核間距離 R_e での E_0, E_1 の値に注目すると，結合性軌道 ψ_0，反結合性軌道 ψ_1，水素原子の 1s 軌道 ϕ_1 および ϕ_2 の間には図 10.5 のエネルギー関係があります。

図10.5 ●エネルギー準位の関係

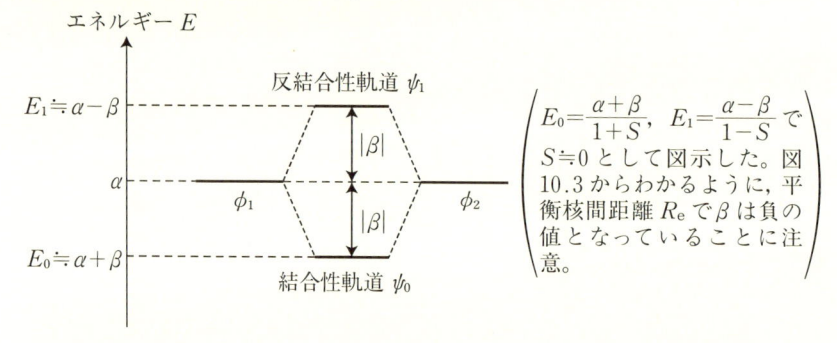

$$\left(E_0 = \frac{\alpha+\beta}{1+S},\ E_1 = \frac{\alpha-\beta}{1-S} \text{ で } S \fallingdotseq 0 \text{ として図示した。図 10.3 からわかるように，平衡核間距離 } R_e \text{ で } \beta \text{ は負の値となっていることに注意。} \right)$$

図 10.5 では，α のエネルギーであった 1 対の原子軌道の準位が，原子どうしが近づいて核間距離が平衡核間距離 R_e となって軌道どうしが相互作用する結果，一方はもとの準位より上に，他方は下にと新たな 2 つの分子軌道の準位に分裂することが示されています。エネルギー分裂の程度は共鳴積分 β の値で決まっていることがわかるでしょう。

●原子どうしを結びつける力

ここで少し立ち止まって，原子どうしを結びつけ分子を形成する力の源を探ってみましょう。電子（正確には電子密度）が原子核の間に引力をもたらすか斥力をもたらすかは，単純にその電子が存在する場所によって決まります。

このことを理解するために，2 つの陽子の真ん中に電子が存在している場合(a)と，一方の陽子の外側に電子が存在している場合(b)について考えてみましょう（図 10.6）。

図10.6●電子が陽子に及ぼす力

　　陽子　電子　陽子　　　　　陽子　　　陽子　電子
　　　　　(a)　　　　　　　　　　　　(b)

　(a)では，真ん中にある電子と陽子の距離が陽子間の距離よりも小さいので，陽子間の斥力よりも電子と陽子との間に働く引力の方が大きくなります。そのため(a)では，2つの陽子が互いに引きつけられることになります。いわば，真ん中にある電子が陽子どうしをくっつける「のり」の役割を果たしているのです。

　これに対して(b)では，右側の陽子は，電子によって左側の陽子から遠ざかる方向に引かれます。このとき，左側の陽子も同じ方向に引きつけられますが，電子までの距離が遠いため，その力は右の陽子に作用する力よりも弱い力です。このため，電子の存在は陽子間の距離を大きくさせるよう作用します。

　このことから電子の存在場所によって，①2つの原子核を近づけるように作用する場合と，②2つの原子核を遠ざけるように作用する場合があることがわかります。①の作用が生じる電子の存在領域を**結合領域（binding region）**，②の作用が生じる領域を**反結合領域（antibinding region）**とよぶことができます（図10.7）。

図10.7●結合領域と反結合領域

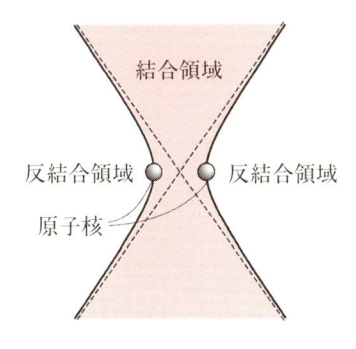

　分子中で電子が結合領域や反結合領域にどのように分布するかによって原子間の結合が形成されたり切れたりする，すなわち原子どうしを結

びつけ分子を形成する力の源は「電子と原子核との間に働く引力である」といえます。

●結合性軌道と反結合性軌道

再び水素分子イオンの取り扱いに戻って，結合性軌道 ψ_0 と反結合性軌道 ψ_1 の特徴を電子の存在領域という観点から検討してみましょう。

結合性軌道 ψ_0 を求めるため，E_0 を①式に代入して整理すると

$$(C_1 - C_2)\frac{-\beta + \alpha S}{1 + S} = 0$$

よって，$C_1 = C_2$ と求まります。さらに，規格化の条件より

$$\int |\psi|^2 d\tau = C_1{}^2 + C_2{}^2 + 2C_1 C_2 S = 1$$

なので，$C_1 = C_2$ から

$$2C_1{}^2(1+S) = 1$$

よって，

$$C_1 = \frac{1}{\sqrt{2(1+S)}}$$

したがって，結合性軌道 ψ_0 は

$$\psi_0 = \frac{1}{\sqrt{2(1+S)}}(\phi_1 + \phi_2)$$

同様に計算して，反結合性軌道 ψ_1 は

$$\psi_1 = \frac{1}{\sqrt{2(1-S)}}(\phi_1 - \phi_2)$$

ここで，これらの波動関数 ψ_0 と ψ_1 の特徴をみてみましょう。結合性軌道 ψ_0 では，水素原子の 1s 軌道 ϕ_1 と ϕ_2 が「＋」されており，波動関数が同位相(同符号)で互いに強め合って混合されている結果，結合領域における波動関数の値が大きくなっています(図10.8)。電子の存在確率は $|\psi_0|^2$ に比例しますから，結合性軌道 ψ_0 では結合領域の電子密度が高くなっているといえます。このために，原子核どうしを互いに結びつける結合力が生じているのです。

一方，反結合性軌道 ψ_1 では ϕ_1 と ϕ_2 が「－」されており，逆位相で

図10.8 ● 水素分子イオンの結合性軌道

同位相で強め合う

図10.9 ● 水素分子イオンの反結合性軌道

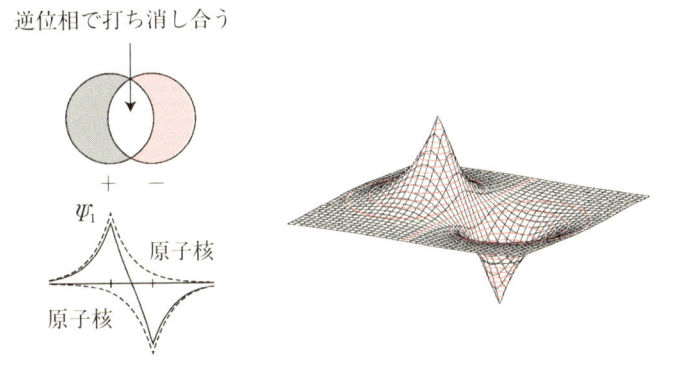

逆位相で打ち消し合う

打ち消し合って混合されるため，結合領域の電子密度が低くなり(図10.9)，相対的に反結合領域の電子密度が高くなる結果，原子核を互いに遠ざけようとする斥力が働きます。

　水素分子イオンの基底状態では，唯一の電子はエネルギーの低い結合性軌道 ψ_0 に入っています。その結果，原子核どうしが結びつき分子を形成しているのです。

　水素分子イオンの結合は，このように1個の電子が結合性軌道 ψ_0 に入ることによって生じており，**1電子結合(one-electron bond)** とよばれます。伝統的に，共有結合は「電子対」の共有として説明されることがほとんどですが，実際は結合領域に存在する1個の電子だけでも結合が形成され得ます。

図10.10 1電子結合

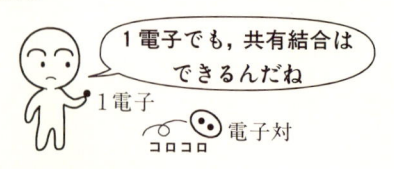

「1電子でも，共有結合はできるんだね」
1電子
コロコロ 電子対

> **演習問題 10-1** 水素原子は安定な二原子分子 H_2 を形成するが，ヘリウム原子は単原子分子として存在し二原子分子 He_2 は安定に存在しない。なぜ，このような違いが生じるのか。分子軌道のエネルギー図を用いて説明せよ。

解答＆解説

まず，水素分子 H_2 とヘリウム分子 He_2 の分子軌道を定性的に考えましょう。水素原子，ヘリウム原子ともに最外殻電子は 1s 軌道に入っているので，1s 軌道どうしの相互作用によって分子軌道が形成されるとしてよいでしょう。とすれば，リッツの変分法を用いて計算した結論は水素分子イオンの場合と定性的にはまったく同様であり，図 10.11 のようなエネルギー準位の結合性軌道 ψ_0 と反結合性軌道 ψ_1 が形成されるはずです。

図10.11 エネルギー準位

エネルギー E

反結合性軌道 ψ_1

1s　　1s

結合性軌道 ψ_0

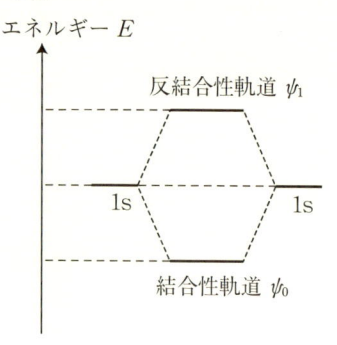

つぎに多電子原子の構成原理にならって分子軌道に電子を配置すると，図 10.12 のようになります。

図10.12●水素分子 H_2 とヘリウム分子 He_2 の電子配置

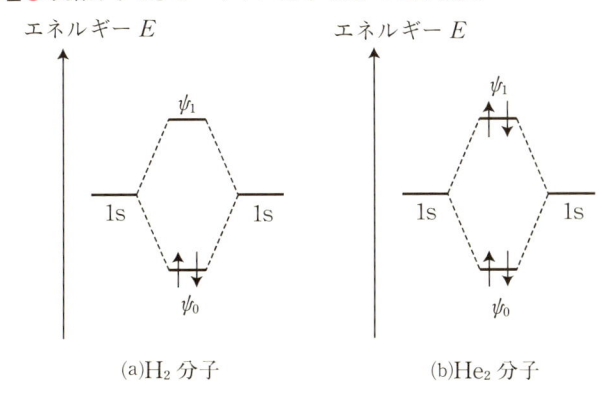

(a) H_2 分子   (b) He_2 分子

この図から，水素分子 H_2 は，結合性軌道 ψ_0 のみに電子が配置される結果，原子状態よりもエネルギー的に安定化しているのに対して，ヘリウム分子 He_2 の場合，反結合性軌道 ψ_1 にも電子が2個配置されており，原子状態と比べて全体としてエネルギー的に安定化していません。これが2分子の安定性の差異の原因だと考えられます。★

講義 LECTURE 11 軌道間相互作用

●道案内

　前回の講義では，水素分子イオンを題材として1s軌道どうしの相互作用を詳しく扱いました。一般の分子の場合は，原子の様々な軌道間相互作用によって分子軌道が形成されますから，1s軌道間だけでなく軌道間一般の相互作用を学習しておく必要があります。そこで，今回の講義では軌道間相互作用を一般的に扱います。

　軌道間の相互作用は結合の形成と深く関係するものですが，相互作用の大きさについては，①軌道間の「重なり」が大きく，②「エネルギー差」が小さいほど相互作用が大きくなることが導かれます。このことを用いると，化学結合のいろいろな性質を定性的に考えることが可能になります。

●軌道の重なりと相互作用の関係

　水素分子イオンにおいては，構成原子である水素原子の1s軌道どう

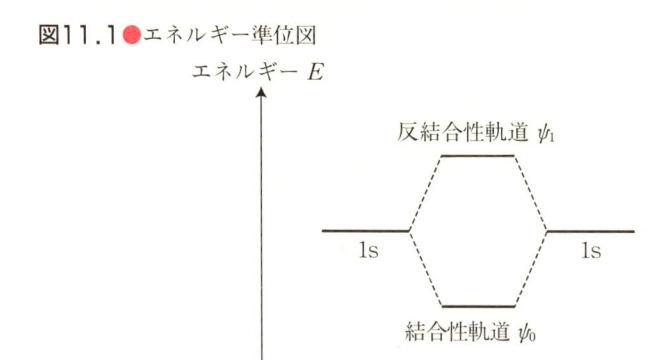

図11.1●エネルギー準位図
エネルギー E

反結合性軌道 ψ_0

1s ─── ─── 1s

結合性軌道 ψ_b

しの相互作用により，もとのエネルギー準位が上下に分裂した2つの分子軌道(結合性軌道と反結合性軌道)が形成されることがわかりました(図11.1)。そして，分裂の程度は共鳴積分 β の値で決まっていました。

軌道間相互作用によるエネルギー準位の分裂の程度が，共鳴積分 β の値によることは，あらゆる軌道間相互作用にあてはまることです。

ここで，共鳴積分 β が重なり積分 S と類似した振る舞いをしていたことを思い出してください。軌道どうしが「重なる」領域をもっているときに両者の絶対値は大きく，核間距離 R が増大して軌道どうしの重なりが無視できるようになれば β も S もともに0に収束していました(図11.2)。

図11.2 ● 1s 軌道どうしの重なり積分 S と共鳴積分 β

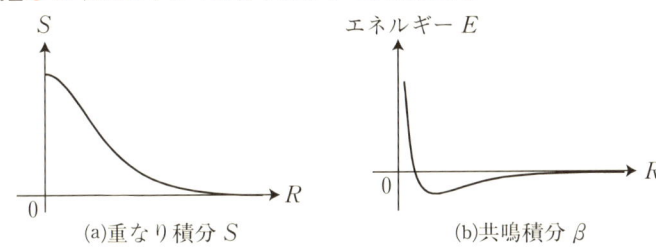

(a) 重なり積分 S
(b) 共鳴積分 β

軌道間相互作用によるエネルギー準位の分裂の程度が共鳴積分 β の値によることから，軌道間に大きな相互作用が働くのは共鳴積分 β の絶対値が大きい場合であるといえます。そして核間距離 R が結合距離程度の場合，共鳴積分 β は重なり積分 S の絶対値が大きいほど大きいので，つぎのように結論できます。

❶ 軌道の対称性が合っており，重なり積分 $S \neq 0$ の軌道どうしは相互作用をする。
❷ 軌道の対称性が合わず，重なり積分 $S = 0$ の軌道どうしは相互作用をしない。
❸ 軌道間相互作用によるエネルギー分裂の大きさは，重なり積分の絶対値 $|S|$ が大きいほど大きい。

図11.3●重なり積分 S と相互作用の関係

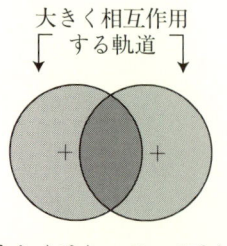

(a) 大きく重なっていて重なり積分 S が大きい軌道どうしは相互作用が大きい。

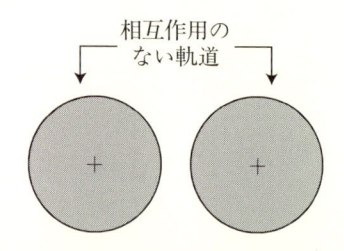

(b) 重なりがなく重なり積分 S が小さい軌道どうしは相互作用が小さい。

●種々の軌道間の相互作用

軌道間相互作用によるエネルギー分裂の大きさは，重なり積分の絶対値 $|S|$ が大きいほど大きいことがわかったところで，分子を構成する原子軌道間の相互作用を具体的に考えてみましょう。

ところで，各原子の最外殻でない軌道すなわち内殻軌道は，原子核を中心とする狭い領域にしか広がっていません。とすれば，内殻軌道は他の原子の原子軌道とほとんど重なり合わないはずです。したがって，原子どうしの軌道間相互作用を考える場合，最外殻の原子軌道を中心に考えるだけでよいことになります(図11.4)。内殻軌道は他の原子の原子軌道と相互作用しないため，内殻電子は化学結合にほとんど関与しないのです。

さて，最外殻軌道の重なりだけを考えるとしても，原子軌道はs軌道，

図11.4●内殻電子は結合に関与しない

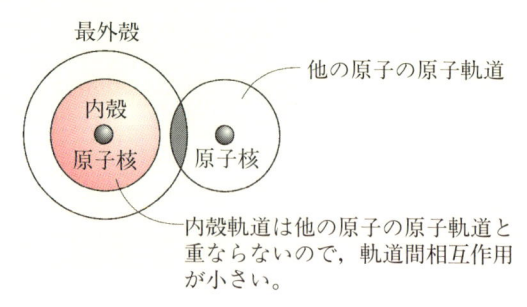

内殻軌道は他の原子の原子軌道と重ならないので，軌道間相互作用が小さい。

p軌道，d軌道などいくつかのタイプがあります。ここでは，s軌道，p軌道を中心に軌道のタイプごとの重なり方をみたいと思います。

まず，s軌道どうしの重なりをみてみましょう。原子どうしが結合距離程度に近づくと，s軌道どうしは図11.5のような位置関係になります。この場合のような結合軸について円筒対称となっている重なり方を**σ型の重なり**といいますが，s軌道どうしはこのσ型の重なりをしており，$|S|$が通常大きな値となります。その結果，s軌道どうしの相互作用は一般に大きなものとなっています。

図11.5 ● s軌道どうしの重なり

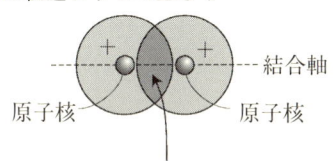

重なりは結合軸について円筒対称であり，σ型の重なりとなっている。

つぎに，平行なp軌道どうしの重なりを考えましょう。原子どうしが結合距離程度に近づくと，平行なp軌道どうしの場合は図11.6のような位置関係になります。このような結合軸を含む節面ができる重なり方を**π型の重なり**といいます。s軌道どうし同様，平行なp軌道どうしも大きく重なっており$|S|$は十分な値となりますから，有効に軌道間に相互作用が働きます。

図11.6 ● p軌道どうしの重なり

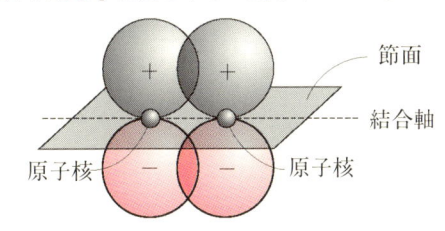

結合軸を含む節面ができる重なり方であり，π型の重なりとなっている。

もっとも，σ型の重なりと違ってπ型の重なりは結合軸から少し離れたところで生じます。したがって，結合軸上の電荷密度は相互作用に

よって変化しません。そのため、結合領域の電荷密度はσ型の重なりほどは増大しないことになります。この結果、σ型の重なりと比較すると、π型の重なりによるエネルギー準位の分裂の程度は、一般的に小さくなります。

> **演習問題 11-1**　2つの原子がz軸上で結合距離程度離れて存在する場合、つぎの(1)〜(3)について、軌道間の重なりを図示して型などについて検討せよ。
> (1) p_z軌道どうし　(2) p_x軌道とs軌道　(3) p_z軌道とs軌道

解答&解説

(1) 原子どうしが結合距離程度に近づくと、p_z軌道どうしは図11.7のような位置関係になり、σ型で重なります。このとき、$|S|$は十分な値となっており、軌道間で有効に相互作用が生じます。「p軌道どうし」の重なりではありますが、π型ではなくσ型で重なっていることに注意しましょう(図11.7)。軌道間の重なりを検討するに際しては、軌道の種類だけでなく、重なりの方向も考慮しなければなりません。

図11.7● p_z軌道どうしの重なり

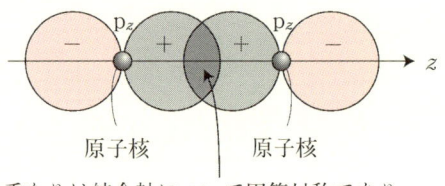

重なりは結合軸について円筒対称であり、σ型の重なりとなっている。

(2) 原子どうしが結合距離程度に近づくと、p_x軌道とs軌道は図11.8のような位置関係になります。この場合、波動関数の位相(波動関数の値の「符号」)を考慮すると、点rでの$\psi_A\psi_B$と点r'での$\psi_A\psi_B$とが異符号で同じ大きさをもつことがわかります(点rでの$\psi_A\psi_B$が「＋」、点r'での$\psi_A\psi_B$が「−」)。そのため、点rでの$\psi_A\psi_B$と点r'での$\psi_A\psi_B$の和が互いにキャンセルして0となります。その結果、重なり積分S

が0となってしまいます。

$S=0$の場合，軌道間に相互作用が生じません。したがって，p_x軌道とs軌道は相互作用せずエネルギー分裂が起きません。

図11.8 ● p_x軌道とs軌道の重なり

■と□の部分のSが互いにキャンセルして和が0となっている。
したがってp_x軌道とs軌道間には相互作用が生じない。

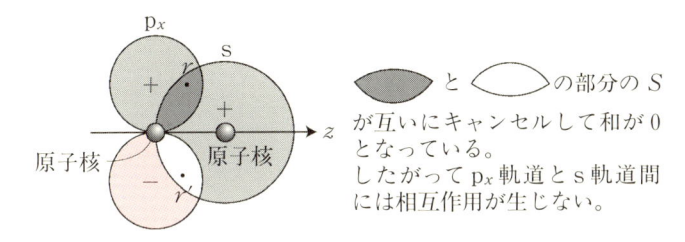

(3) 原子どうしが結合距離程度に近づくと，p_z軌道とs軌道は図11.9のような位置関係になります。この場合は(2)と異なって，σ型で有効に重なり$|S|$は十分な値となっています。したがって，軌道間で有効に相互作用が働きます。

(2), (3)からわかるように，軌道間相互作用の有無は，たとえば「p軌道とs軌道」といった具合にひとくくりに考えられるものではありません。きっちり方向性も加味して（p_x軌道なのかp_z軌道なのかなど）考える必要があります。

図11.9 ● p_z軌道とs軌道の重なり

重なりは結合軸について円筒対称であり，σ型の重なりとなっている。

★

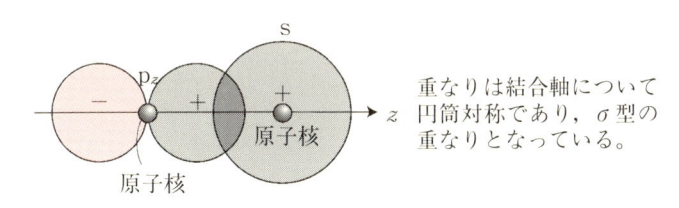

●相互作用における軌道の混合割合

水素分子イオンの場合，結合性軌道 ψ_0 は

$$\psi_0 = \frac{1}{\sqrt{2(1+S)}}(\phi_1 + \phi_2)$$

反結合性軌道 ψ_1 は

$$\psi_1 = \frac{1}{\sqrt{2(1-S)}}(\phi_1 - \phi_2)$$

であって，原子軌道 ϕ_1 と ϕ_2 が同じ割合 1：1 で混合されて分子軌道が構成されていました。この場合のように，相互作用する 2 つの軌道のエネルギー準位が等しい場合には，いつも軌道の混合比が 1：1 となります(図 11.10)。では，相互作用する 2 つの軌道のエネルギーが異なる場合，軌道の混合割合はどうなるでしょうか。

図 11.10 ●同一エネルギーの軌道の混合

混合割合を考えるために永年方程式に戻りましょう。いま，クーロン積分 α，共鳴積分 β，重なり積分 S の記号を用い，

（原子軌道 ϕ_1 のエネルギー α_1）＜（原子軌道 ϕ_2 のエネルギー α_2）

と設定しておきます。この場合，2 つの軌道 ϕ_1, ϕ_2 の相互作用の永年方程式はつぎのようになります。

$$\begin{cases} C_1(\alpha_1 - ES_{11}) + C_2(\beta - ES_{12}) = 0 \\ C_1(\beta - ES_{21}) + C_2(\alpha_2 - ES_{22}) = 0 \end{cases}$$

原子軌道 ϕ_1 と ϕ_2 が規格化されており $S_{11} = S_{22} = 1$，また，しばしば行う近似として $S_{12} = S_{21} \fallingdotseq 0$ とすると，永年方程式は

$$\begin{cases} C_1(\alpha_1 - E) + C_2\beta = 0 \\ C_1\beta + C_2(\alpha_2 - E) = 0 \end{cases}$$

と簡単化されます．このとき $|C_1/C_2|$ の値について

$$\left|\frac{C_1}{C_2}\right| = \left|\frac{\beta}{\alpha_1 - E}\right| = \left|\frac{\alpha_2 - E}{\beta}\right|$$

が成立します．ここで図 11.11 からわかるように，エネルギー E_0 の結合性軌道については $|\alpha_1 - E_0|$ が小さく $|\alpha_2 - E_0|$ が大きいので，$|C_1/C_2|$ の値は大きくなっています．すなわち，結合性軌道では $|C_1|$ が大きく，エネルギーの低い方の軌道 ϕ_1 の混合割合が大きくなっているのです．

一方，エネルギー E_1 の反結合性軌道では $|\alpha_1 - E_1|$ が大きく $|\alpha_2 - E_1|$ が小さいので $|C_1/C_2|$ の値は小さく，エネルギーの高い方の軌道 ϕ_2 が主成分となっているとわかります．

図11.11●軌道の混合割合

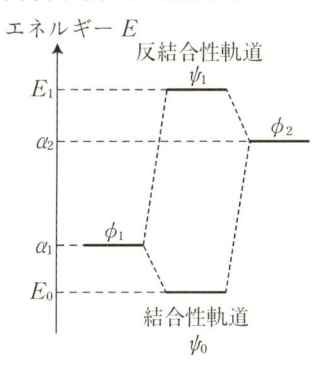

ϕ_1 と ϕ_2 の相互作用により，ψ_0 と ψ_1 が形成される．この場合，ψ_0 は ϕ_1 が主成分となっており，ψ_1 は ϕ_2 が主成分となっている．

以上より，軌道の混合割合については，一般的に ==結合性軌道はエネルギーの低い方の軌道が主成分となり，反結合性軌道はエネルギーの高い方の軌道が主成分となる== といえます．このことは重要な知識ですから覚えておきましょう．

●軌道エネルギーの差と相互作用の関係

相互作用する軌道のエネルギーが等しい場合は，これらの軌道が同じ割合で混合された分子軌道が形成されるが，エネルギーが異なる軌道ど

うしの混合の場合は，結合性軌道はエネルギーの低い方の軌道が主成分となり，反結合性軌道はエネルギーの高い方の軌道が主成分となることがわかりました。

このことから エネルギー差がない軌道どうしはよく混じり合うが，エネルギー差が大きい軌道どうしはあまり混じり合わず，その結果，分子軌道はどちらかの原子軌道に似たものになってしまう と推測されます(図11.12)。

図11.12●軌道の混合の程度

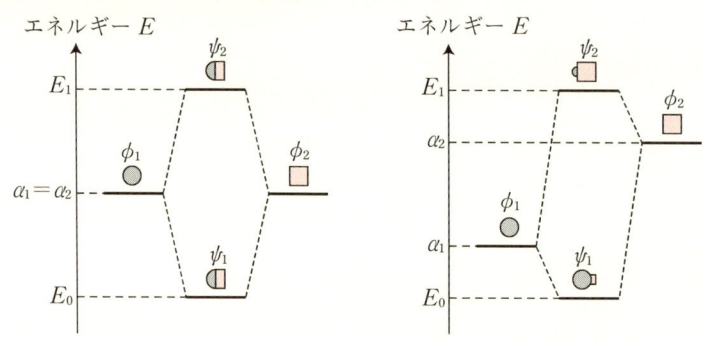

(a) ϕ_1 と ϕ_2 がよく混合されている　(b) ϕ_1 と ϕ_2 があまり混じり合っていない

実際，軌道間相互作用によるエネルギー分裂の程度は， 軌道間のエネルギー差が小さいほど大きくなり，エネルギー差が大きいほど小さくなる ことが知られています。

以上より，①軌道間の「重なり」が大きく，②「エネルギー差」が小さいほど軌道間相互作用は大きくなると結論できます。 この結論は定性的に軌道間相互作用を考える場合に非常に役立ちます。

演習問題 11-2　同じく s 軌道どうしの相互作用であっても，(1)同一エネルギー準位にある s 軌道どうしの場合と，(2)異なるエネルギー準位にあってエネルギー差のある s 軌道間の相互作用では，エネルギー分裂の程度や軌道の混合割合の程度が異なる。このことを，(1)，(2)を比較しながら図を用いて説明せよ。

解答&解説

軌道間相互作用については，①軌道の混合割合について一般的に「結合性軌道はエネルギーの低い方の軌道が主成分となり，反結合性軌道はエネルギーの高い方の軌道が主成分となる」，②エネルギー分裂の程度は，「軌道間のエネルギー差が小さいほど大きくなり，エネルギー差が大きいほど小さくなり」ます。

このことから(1), (2)を比較して軌道間相互作用を図示すると下図のようになります。

図11.13●

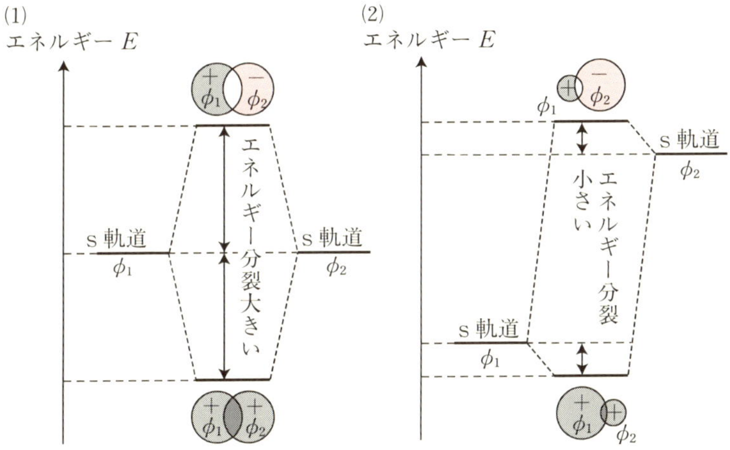

(丸の大きさで軌道の混合割合を表現している)

エネルギーの低い軌道は安定な軌道であって，軌道中の電子を取り除くには多くのエネルギーが必要です。その意味で低エネルギーの軌道ほど「電子と仲がいい」電気的に陰性な軌道といえます。「エネルギーの低い方の軌道が結合性軌道の主成分となる」ことは，結合性軌道が陰性の強い原子側に広がっていて，結合性軌道中の電子が陰性の強い原子側に偏っていることを意味しているのです。

このことは，電気陰性度の差によって共有電子対が一方の原子側に偏り，その結果，結合の極性が生まれる仕組みをうまく説明します。★

講義 LECTURE 12 分子軌道法の応用

●道案内

　前回の講義において軌道間相互作用についての一般原則を学びました。今回の講義では，この一般原則を具体的な分子に適用してみます。対象となる分子は主に二原子分子です。

　軌道間相互作用の一般原則に基づいて，二原子分子の分子軌道を定性的に構成することが可能です。そして原子と同様，構成原理にしたがって分子軌道に電子を入れていくことで分子の電子配置を把握することができます。原子の性質が主にその電子配置によって決まっていたように，分子の性質もその電子配置と深く関係します。したがって，分子の電子配置を予想できるようになることは，分子の性質を正しく予想できるようになることにつながるといえます。ぜひ，分子軌道の構成法をきちんと習得してください。

　　図12.1●電子配置から性質を予想するイメージ図

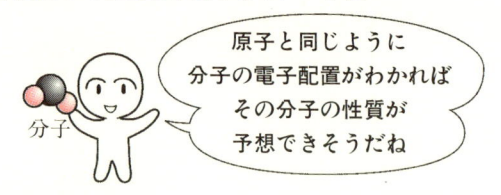

（分子）原子と同じように分子の電子配置がわかればその分子の性質が予想できそうだね

●分子軌道の構成法

　軌道間相互作用について学んだところで，あらためて分子軌道の構成法という観点から整理しておきます。構成原子の原子軌道から分子軌道をどのように定性的に把握するかを水素分子を例に整理してみます。

原子軌道から分子軌道を構成する方法としては，まず相互作用する軌道を考え，そのエネルギー準位を図の左右に線で示します(図12.2)。このとき，①重なりの小さな軌道どうしは相互作用しないので，内殻電子の原子軌道の相互作用は考えなくてよいこと，および，②エネルギー差の大きな軌道どうしは相互作用しないので，似たようなエネルギー準位の軌道どうしの相互作用だけを考えればよいことに留意しましょう。

図12.2●分子軌道の構成

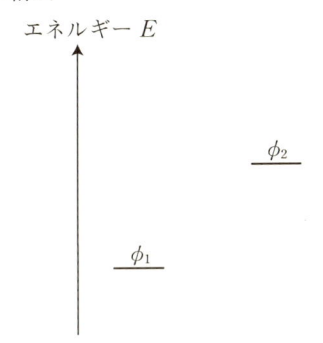

相互作用を考える原子軌道 ϕ_1, ϕ_2

つぎに，軌道間相互作用により生じる結合性軌道と反結合性軌道のエネルギー準位を線で示します。このとき，どの軌道間の相互作用からできた分子軌道なのかを表示するため，原子軌道と分子軌道を直線で結ぶのが普通です(図12.3)。

結合性軌道は相互作用する原子軌道のエネルギー準位と比べてより低

図12.3●分子軌道の構成と表示

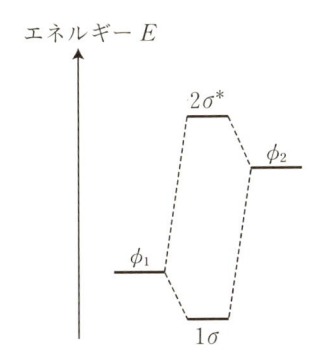

いエネルギー準位となり，反結合性軌道はより高いエネルギー準位となります。なお，反結合性軌道はしばしばアステリスク*で示されます。また，たとえば水素分子の場合，どちらの分子軌道も 1s 軌道の σ 型の重なりによって生じた軌道ですから，**σ 軌道**と記します。

● 結合次数

　分子は原子どうしが結びついてできているわけですが，原子どうしの結合の強さを定性的に表す数値として**結合次数(bond order)**という指標があります。結合次数はつぎのように定義されます。

$$(結合次数) = \frac{(結合性軌道の電子数) - (反結合性軌道の電子数)}{2}$$

　この定義より，結合性軌道中に 1 対の電子が入っていれば結合次数が 1 増加し，反結合性軌道中に 1 対の電子が入っていると結合次数が 1 減る勘定になります。これは，共有結合のいわゆる結合の多重度(二重結合，三重結合など)に相当する概念です。

　この結合次数を用いると，たとえば，水素分子 H_2(総電子数 2)の結合次数は $(2-0)/2=1$ であり，σ 型の単結合により安定な二原子分子を形成するが，ヘリウム分子 He_2(総電子数 4)の結合次数は $(2-2)/2=0$ だから，原子間に結合ができず安定な二原子分子を形成しないだろうといった推測が簡単にできて便利です(図 12.4)。

図12.4● H_2 と He_2 のエネルギー図

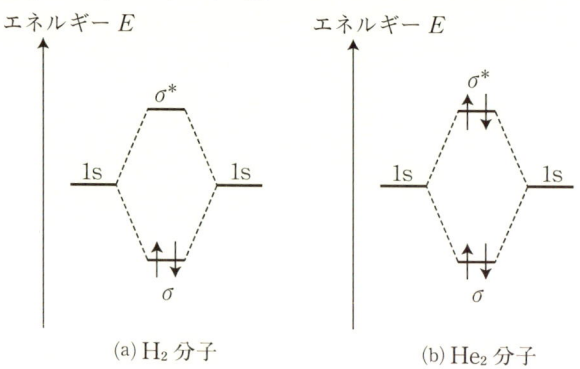

(a) H_2 分子

(b) He_2 分子

●等核二原子分子の軌道間相互作用

水素分子 H_2 のように,同種の原子からなる二原子分子を**等核二原子分子(homonuclear diatomic molecule)**といいます。第一周期元素の等核二原子分子である水素分子 H_2 とヘリウム分子 He_2 の考察は何度かやりましたから,ここでは,第二周期元素の等核二原子分子の分子軌道の構成に取り組んでみましょう。

第二周期元素の原子の場合,最外殻は L 殻です。そこで,L 殻の原子軌道である 2s および 2p 軌道間の相互作用が重要になってきます。もちろん,1s 軌道の相互作用もあるわけですが,内殻の軌道なので軌道間の重なりが小さいため,その相互作用はあまり重要ではありません。

図12.5●最外殻の軌道が大切

さて,2s 軌道どうしは σ 型に重なり強く相互作用します(図 12.6)。一方,2s 軌道と相手方原子の 2p 軌道はエネルギー差がある程度ありますから,取り敢えず相互作用は無視しておくことにします。

図12.6● 2s 軌道どうしの重なり

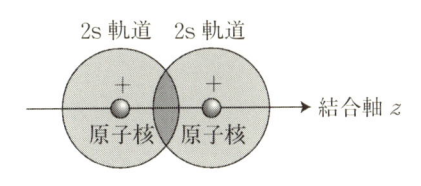

2p 軌道どうしの相互作用を考える場合は,その方向性も考慮する必要がありました。いま,結合軸を z 軸にとると,①p_z 軌道どうしは σ 型に重なって相互作用し,②p_x 軌道および p_y 軌道どうしは π 型に重なって相互作用します(図 12.7)。

図12.7 ● 2p軌道どうしの重なり

(a) $2p_z$ 軌道どうしの重なり

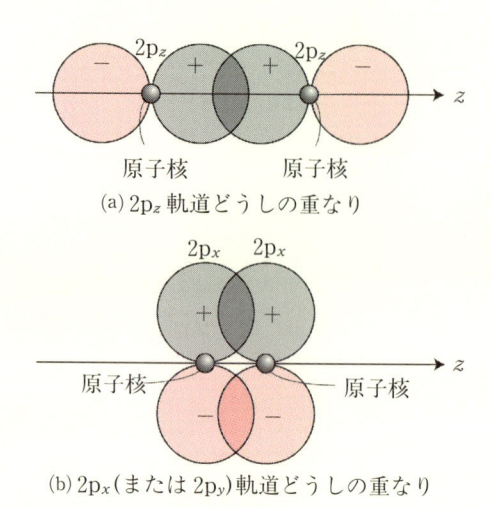

(b) $2p_x$（または $2p_y$）軌道どうしの重なり

●等核二原子分子の分子軌道

以上の相互作用をすべて考慮すると，第二周期元素の等核二原子分子における分子軌道のエネルギー準位が一般に図12.8のように描けます。

p_x 軌道どうしおよび p_y 軌道どうしの相互作用によってできる分子軌道はどちらも同じエネルギー準位となるので，$1\pi_u$ と $1\pi_g^*$ はともに二

図12.8 ● 等核二原子分子の分子軌道のエネルギー準位図

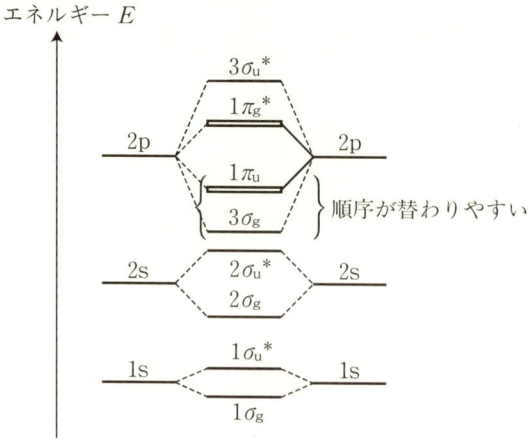

重に縮退しています。また，σ型の重なりによるエネルギー分裂の方がπ型の重なりによるものよりも一般に大きいので，p_z軌道どうしの相互作用によってできる分子軌道$3\sigma_g$を$1\pi_u$よりも下の準位に描いてあります(もっとも，後に述べるようにこの順序はしばしば逆転します)。

それぞれの分子軌道の様子を簡単に図示したものが図12.9です。原子軌道が同位相で混合し強め合うと結合性軌道が，逆位相で混合し打ち消し合うと反結合性軌道ができることを思い出しながら眺めてみましょう。なお，図の黒赤は位相の符号の違いを表しています。

図12.9 分子軌道を描いた図

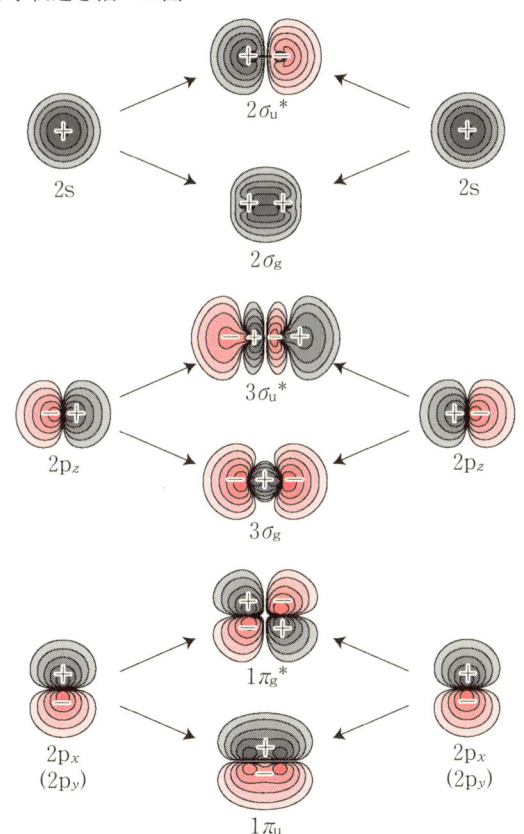

分子軌道を表す記号中の添え字のgまたはuは，軌道の対称性を表した記号であり，分子が対称中心をもつときにしばしば用いられます。

講義12 分子軌道法の応用

対称中心に関して波動関数の符号が対称な軌道であればg型、波動関数の符号が反対称な軌道はu型となります(図12.10)。

図12.10●軌道の対称性

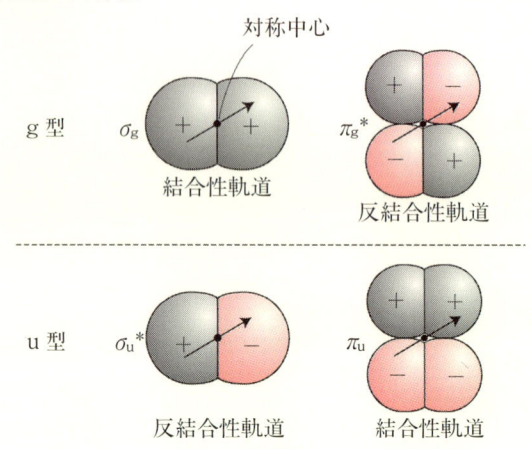

図からもわかるとおり、gとuの区別はもとの原子軌道の種類およびそれらの混合の仕方によります。たとえば、σ軌道においては結合性軌道がg型ですが、π軌道では結合性軌道はu型になることに注意してください。

● $3\sigma_g$ 軌道と $1\pi_u$ 軌道の関係

先ほど、σ型の重なりによる相互作用の方がπ型の重なりによるものよりも一般に大きいので、$3\sigma_g$ を $1\pi_u$ よりも下の準位に記すと述べました。それと同時に、「この順序はしばしば逆転する」とも記しました。ここで、この $3\sigma_g$ 軌道と $1\pi_u$ 軌道のやや複雑な関係を検討することにしましょう。

思うに、2s軌道と $2p_z$ 軌道のエネルギー差が大きいときは、両軌道間の相互作用が無視でき、先の単純な描像が成立します(図12.11)。

しかし、2s軌道と $2p_z$ 軌道のエネルギー差が小さくなると、両軌道間の相互作用が無視できなくなります。つまり、両原子の2s軌道と $2p_z$ 軌道の合計4つの軌道間で相互作用が生じるわけです。この点、2s軌道と $2p_x$ 軌道(または $2p_y$ 軌道)間では重なりがない(重なり積分 $S=$

図12.11● 2s と $2p_z$ 軌道のエネルギー差が大きい場合

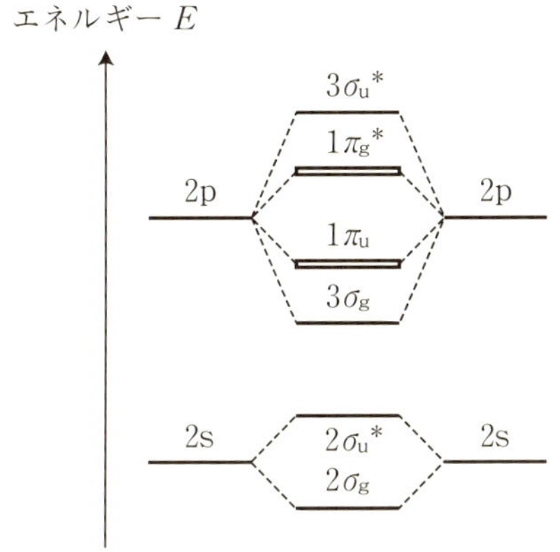

0)ので相互作用があり得ないこととは事情を異にします。

このような両原子の 2s 軌道と $2p_z$ 軌道の合計 4 つの軌道間での相互作用は，$2\sigma_g$ 軌道と $3\sigma_g$ 軌道および $2\sigma_u{}^*$ 軌道と $3\sigma_u{}^*$ 軌道間の混合に置き換えて検討することもできます。そしてこのように考えれば，図12.12 のように $3\sigma_g$ 軌道が上昇する結果，$1\pi_u$ 軌道のエネルギー準位と

図12.12● 2s と $2p_z$ 軌道のエネルギー差が小さい場合

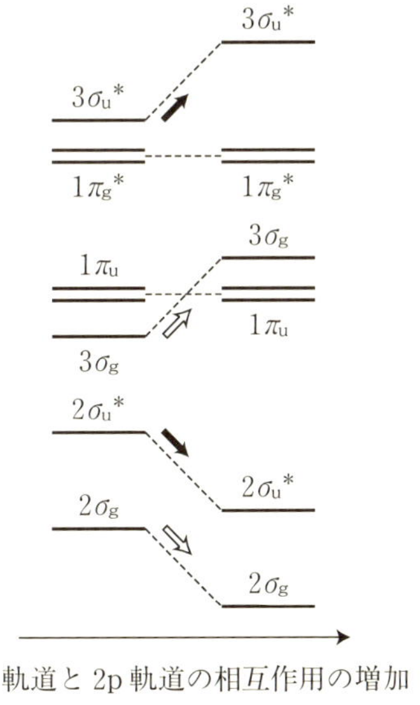

逆転しうることがわかるでしょう。

$3\sigma_g$ 軌道と $1\pi_u$ 軌道のエネルギー準位の逆転が起きるのは，2s 軌道と $2p_z$ 軌道の間のエネルギー差が小さい場合であり，第二周期においては，リチウム Li から窒素 N までがあてはまります。

●O_2 分子の分子軌道

等核二原子分子の分子軌道のまとめとして，酸素分子 O_2 の電子配置および結合次数を考察しましょう。$3\sigma_g$ 軌道と $1\pi_u$ 軌道のエネルギー準位が逆転するのはリチウム Li から窒素 N までですから，O_2 の分子軌道は図のようになります。これらの軌道に構成原理にしたがって O_2 の電子を配置していきます(図 12.13)。原子の場合同様，縮退した軌道に電子をつめていくときにはフントの規則を考慮する必要があることに注意してください。

図12.13●O_2 の電子配置

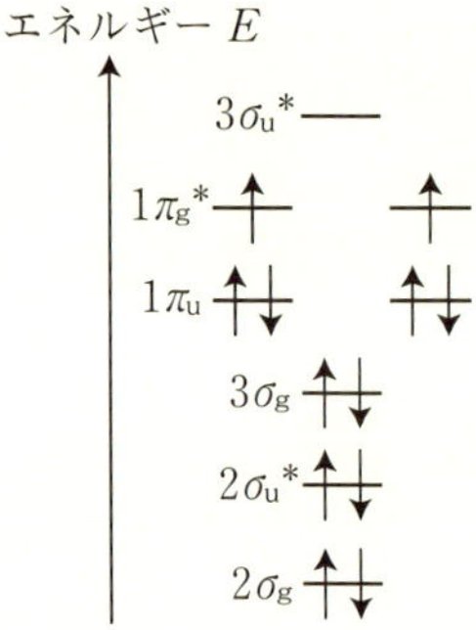

内殻電子である酸素原子の 1s 軌道の電子計 4 個は省略し，残る 12 個の電子の電子配置のみ描いた。フントの規則により $1\pi_g^*$ 軌道に 2 個の不対電子が生じている。

図から O_2 の分子においては，縮退した $1\pi_g^*$ 軌道に平行スピンの不対電子が 2 個存在することがわかります。O_2 分子は分子全体としてスピン角運動量がキャンセルしないために常磁性を示し，磁石にいくらか引きつけられるのですが，分子軌道法はきちんとこのことを説明してくれています。ルイス構造式だけでは，O_2 分子に不対電子があることまではわかりません。

なお，結合次数は $(8-4)/2=2$ であり，二重結合となっています。

> **演習問題 12-1**
> 酸素以外の第二周期元素の等核二原子分子について,分子軌道のエネルギー準位および電子配置を図示せよ。あわせて,結合次数も求めよ。

解答&解説

酸素分子 O_2 の場合と同じように考えればいいのですが,リチウム Li から窒素 N までは $3\sigma_g$ 軌道と $1\pi_u$ 軌道のエネルギー準位が逆転することに注意しましょう。なお,内殻電子である 1s 軌道の電子は省略しました。

図12.14 ●等核二原子分子の電子配置

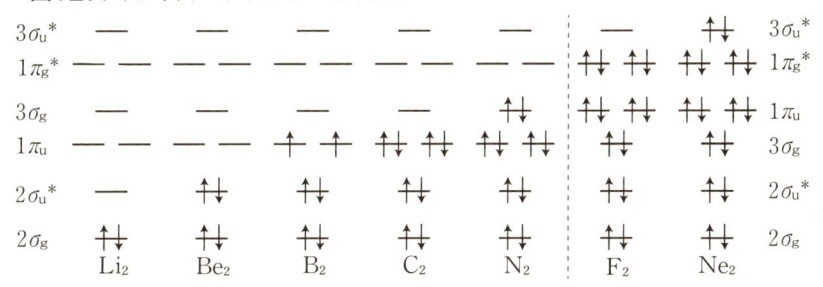

	Li_2	Be_2	B_2	C_2	N_2	F_2	Ne_2	
$3\sigma_u^*$	—	—	—	—	—	—	↑↓	$3\sigma_u^*$
$1\pi_g^*$	—	—	—	—	—	↑↓ ↑↓	↑↓ ↑↓	$1\pi_g^*$
$3\sigma_g$	—	—	—	—	↑↓			$1\pi_u$
$1\pi_u$	—	—	↑ ↑	↑↓ ↑↓	↑↓ ↑↓	↑↓ ↑↓	↑↓ ↑↓	$3\sigma_g$
$2\sigma_u^*$	—	↑↓	↑↓	↑↓	↑↓	↑↓	↑↓	$2\sigma_u^*$
$2\sigma_g$	↑↓	↑↓	↑↓	↑↓	↑↓	↑↓	↑↓	$2\sigma_g$

結合次数は表 12.1 を参考のこと。

表12.1 ●等核二原子分子の結合次数

分子	電子の配置						結合次数
	$2\sigma_g$	$2\sigma_u^*$	$3\sigma_g$	$1\pi_u$	$1\pi_g^*$	$3\sigma_u^*$	
Li_2	2						1
Be_2	2	2					0
B_2	2	2		2			1
C_2	2	2		4			2
N_2	2	2	2	4			3
F_2	2	2	2	4	4		1
Ne_2	2	2	2	4	4	2	0

●異核二原子分子の分子軌道

等核二原子分子に対して，異なった種類の原子からなる二原子分子を**異核二原子分子(heteronuclear diatomic molecule)** といいます。ここでは，水素化リチウム LiH とフッ化水素 HF を例として等核二原子分子と異核二原子分子の化学結合の差異を考えてみたいと思います。

まず水素化リチウム LiH の分子軌道から考察しましょう。相互作用に関わる原子軌道としては，水素原子は 1s 軌道のみを考慮すればよいでしょう。リチウム原子は最外殻が L 殻ですから，2s 軌道と 2p 軌道が対象となります。ただ，複雑になるのを避けるため，ここでは最も重要な 2s 軌道の相互作用のみを考慮することにします。1s 軌道は内殻電子の軌道なので相互作用にはほとんど関わりません。

イオン化エネルギーの値が水素よりもリチウムの方が小さいことから，水素原子の 1s 軌道よりもリチウム原子の 2s 軌道のエネルギー準位の方が高いことがわかります。リチウムの 1s 軌道のエネルギー準位は内殻なのでずっと低くなっています。このことを考慮すると分子軌道の構成は図 12.15 のようになります。

図12.15●LiH の分子軌道

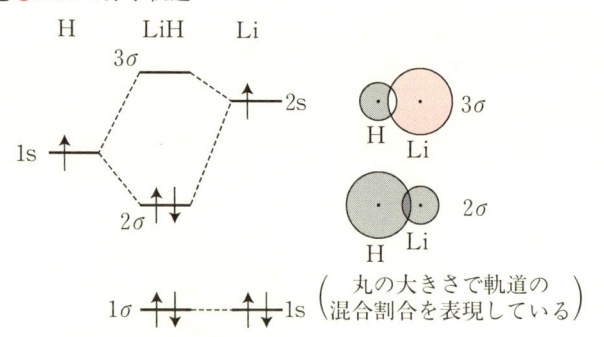

(丸の大きさで軌道の混合割合を表現している)

軌道の混合割合については，「結合性軌道はエネルギーの低い方の軌道が主成分となり，反結合性軌道はエネルギーの高い方の軌道が主成分となる」ことを思い出しましょう。この原則より結合性軌道である 2σ 軌道は水素原子の 1s 軌道が主成分となっており，反結合性軌道である

3σ 軌道はリチウム原子の 2s 軌道が主成分となっていると予測できます。図の分子軌道の様子は，そのことを強調して描いてあります。

結合性軌道である 2σ 軌道の主成分が水素原子の軌道であるため，2σ 軌道中の電子の存在確率は水素原子側に偏ります。これは，電気陰性度の値が水素原子は 2.1 であるのに対しリチウム原子は 1.0 に過ぎないことに対応しています。このように，共有電子の存在領域に「偏り」ができ，その結果結合に極性が生じる点が等核二原子分子の結合と異なるところです。

もう一例，フッ化水素 HF の分子軌道も考察しておきましょう。相互作用に関わる原子軌道として，フッ素原子は 2s 軌道と 2p 軌道が対象となります。ただ，ここでも複雑になるのを避けるため 2s 軌道の相互作用は考えないことにします。

イオン化エネルギーは，水素よりもフッ素の方が大きくなっています。このことから，水素原子の 1s 軌道よりもフッ素原子の 2p 軌道のエネルギー準位の方が低いとわかります。以上から，フッ化水素の分子軌道を構成することができます(図 12.16)。フッ素原子の $2p_x$ 軌道と $2p_y$ 軌道は，どちらも水素原子の 1s 軌道と重なり合わない(重なり積分 $S=0$)ため相互作用しないことに注意しましょう。図中の $1\pi_x$ と $1\pi_y$ は，F 原子の $2p_x$ と $2p_y$ に対応する軌道です。

図12.16●HF の分子軌道

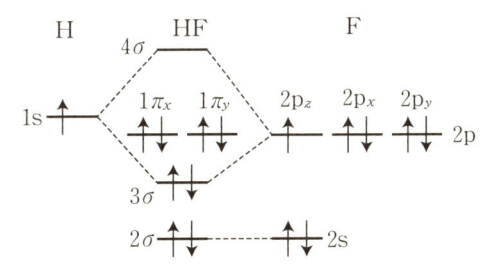

結合性軌道である 3σ 軌道は，フッ素原子の $2p_z$ 軌道が主成分となり

ます。その結果，共有電子対の存在確率はフッ素原子側に偏ります。このことは先と同様，電気陰性度が水素原子が2.1であるのに対してフッ素原子は4.0と大きいことに対応しています。

また，縮退している1π軌道は，ほぼフッ素原子の$2p_x$軌道および$2p_y$軌道そのものであり，結合に関与しない**非結合性軌道(nonbonding orbital)**となっています。この非結合性軌道中の電子対は，いわゆる非共有電子対にあたります(2σ軌道の電子対も結合にほとんど関与していないので非共有電子対といえます)。

●フロンティア軌道

分子軌道に収容される電子数は，パウリの排他原理により，0，1または2に限られます。分子軌道のうち電子の入っている軌道を**被占軌道(occupied orbital)**といい，電子の入っていない軌道を**空軌道(unoccupied orbital)**といいます。また，電子が1個だけ入っている被占軌道は，特に**半占軌道SOMO(singly-occupied molecular orbital)**とよばれることもあります。

さらに，被占軌道のうち最もエネルギー準位の高い軌道を**最高被占軌道HOMO(highest occupied molecular orbital)**といい，最もエネルギー準位の低い空軌道を**最低空軌道LUMO(lowest unoccupied molecular orbital)**とよびます。

図12.17●フロンティア軌道

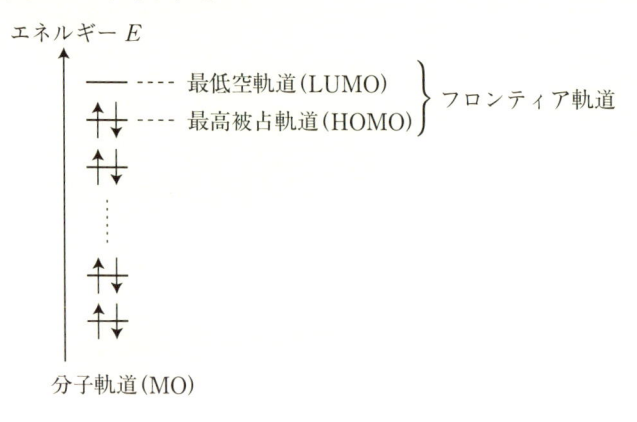

HOMO，LUMO，およびSOMOは**フロンティア軌道(frontier orbital)**とよばれ，原子における最外殻に類似して，分子の化学反応性と密接に関わっています(図12.17)。分子軌道法によりこれらフロンティア軌道の波動関数がわかれば，その分子の化学反応性についての大きな知見が得られるのです。

講義 LECTURE 13 混成軌道

● 道案内

　分子軌道についていろいろと学んできましたが，理解は深まってきたでしょうか。酸素分子 O_2 の常磁性の説明に象徴されるように，分子軌道法は分子の構造と性質の理解に非常に役立ちます。

　ただ，その一方で，分子軌道法は「原子が不対電子を出し合い，それを共有することで化学結合が形成される」という伝統的な化学結合の描像になじみにくい面もあります。たとえば，酸素分子の二重結合の説明は「結合次数の計算」という点では理解できても「酸素原子が不対電子を出し合って二重結合を形成する」という伝統的なイメージとはなじまないでしょう。

図13.1 ● 分子軌道法と伝統的な化学結合論

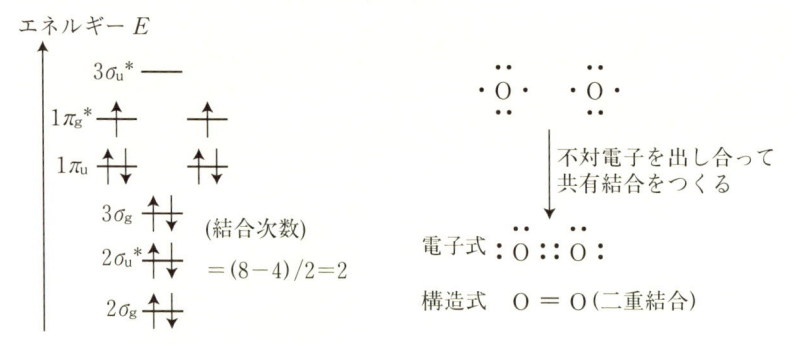

エネルギー E

$3\sigma_u{}^*$ ——
$1\pi_g{}^*$ ↑ ↑
$1\pi_u$ ↑↓ ↑↓
$3\sigma_g$ ↑↓　（結合次数）
$2\sigma_u{}^*$ ↑↓　$= (8-4)/2 = 2$
$2\sigma_g$ ↑↓

(a) 分子軌道法による O_2 の分子軌道

・Ö・　・Ö・

不対電子を出し合って共有結合をつくる
↓

電子式　:Ö::Ö:

構造式　O＝O（二重結合）

(b) 伝統的な化学結合論

　慣れ親しんだ伝統的な化学結合論を捨てるのはもったいない話です。加えて，多原子分子では分子軌道を把握するのが困難な場合が多いですから，伝統的な描像の方が便利であることが多いのです。分子軌道法に

よる化学結合の理解と伝統的な化学結合論は相補的に用いられるべきです。

今回扱う混成軌道の考え方は，伝統的な化学結合論に分子軌道法の要素を加味したものであり，両者の折衷的なものといえます。比較的簡便な考え方であり，また分子の構造と性質の理解に有用ですので，混成軌道は有機化学を中心に幅広く用いられています。代表的な混成軌道はきちんと覚えておきましょう。

●不対電子と化学結合の形成

塩化ベリリウムは高温下で気体として存在し，その分子は直線形の三原子分子 $BeCl_2$ であることがわかっています。

$$Cl-Be-Cl$$

しかし，ベリリウム原子の基底状態は $(1s)^2(2s)^2$ であり，共有結合を形成するための不対電子がありません。

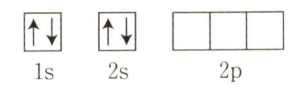

このままだと伝統的な化学結合論からは，塩化ベリリウムの気体分子が直線形の三原子分子 $BeCl_2$ であるという実験事実を説明できないことになります。そこで「不対電子を出し合い，それを共有することで化学結合が形成される」という簡単な描像を維持するため，2個の不対電子を有する仮想的なベリリウム原子の状態を考える必要がでてきます。

仮に Be 原子の 2s 電子 1 個が 2p 軌道に移った状態を想定してみましょう。

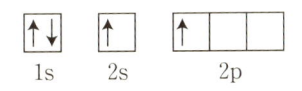

電子をエネルギー準位の高い軌道に移すことを**昇位(promotion)**といいます。このように仮想的に 2s 電子 1 個を 2p 軌道に昇位させてみ

ると，Be 原子の不対電子の数が 2 個となり 2 個の Cl 原子と結合することの説明がつきます。

●軌道の混成

しかし，もし Be 原子が 2s 電子 1 個と 2p 電子 1 個を用いて Cl 原子と結合を形成するなら，2 本の Be−Cl 結合は等価とはなり得ません。このことは，現実の $BeCl_2$ 分子が 2 本のまったく等価な Be−Cl 結合をもつ直線分子であることと矛盾します(図 13.2)。

図13.2●塩化ベリリウム分子 $BeCl_2$

直線形
Cl − Be − Cl

2 本の結合は「まったく同じ」，つまり等価である

そこで 2 本の結合が等価なことを説明するため，さらに仮想的に 2s 軌道と 2p 軌道 1 つを混ぜ合わせて**混成軌道(hybrid orbital)**なるものをつくってみましょう。

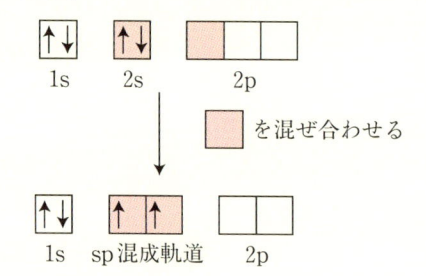

このような混成軌道を想定すると，$BeCl_2$ 分子中の 2 本の等価な結合を説明することができます。このように s 軌道 1 個と p 軌道 1 個を混ぜ合わせてできる軌道を **sp 混成軌道(sp hybrid orbital)** といいます。

分子軌道法では，一方の原子の 2 つの原子軌道(たとえば 2s と $2p_z$ 軌道)が相手方の 1 つの原子軌道(たとえば 2s 軌道)と相互作用することがありました。このような複合的な軌道間相互作用を，混成軌道の考え方では，あらかじめ混成軌道を想定してその混成軌道と相手方の原子軌道との相互作用とみて説明しているといえます(図 13.3)。

図13.3 ●軌道間相互作用と軌道の混成

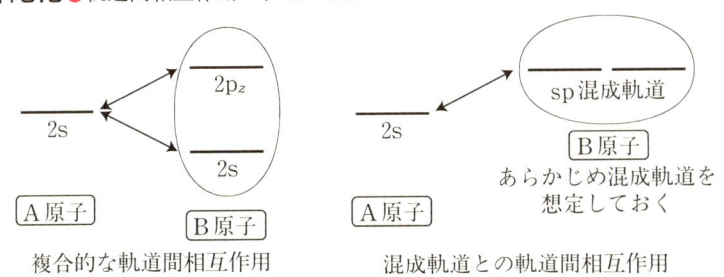

A原子　B原子
複合的な軌道間相互作用

A原子　B原子
あらかじめ混成軌道を
想定しておく
混成軌道との軌道間相互作用

● sp 混成軌道

sp 混成軌道も「軌道」ですから，他の原子軌道と同じく電子状態を表す波動関数が対応します。sp 混成軌道の波動関数は，「s 軌道の波動関数と p 軌道の波動関数を足して平均化したもの」であり，つぎの式で表されます。

$$\psi_1(\mathrm{sp}) = \frac{1}{\sqrt{2}}\{\phi(2\mathrm{s}) + \phi(2\mathrm{p}_z)\}$$

$$\psi_2(\mathrm{sp}) = \frac{1}{\sqrt{2}}\{\phi(2\mathrm{s}) - \phi(2\mathrm{p}_z)\}$$

これらの軌道 ψ_1, ψ_2 はエネルギー準位が等しく，互いに反対方向に広がった軌道です(図 13.4)。また，ともに規格化されており，互いに直交関係にあることが後の実習問題 13-1 で確認できます。

図13.4 ● sp 混成軌道

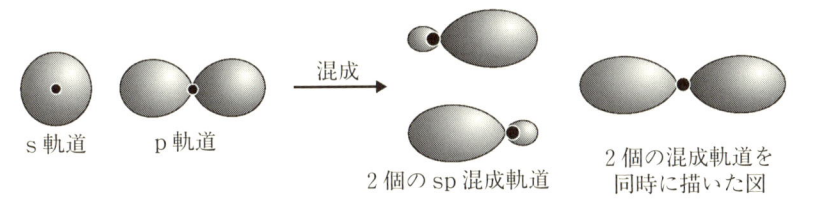

s 軌道　p 軌道　混成→　2 個の sp 混成軌道　2 個の混成軌道を同時に描いた図

この sp 混成軌道と Cl 原子の 3p 軌道の間の相互作用により化学結合ができると考えれば，直線形の $BeCl_2$ をうまく説明できます(図 13.5)。

もっとも，なぜわざわざ昇位してエネルギーの高い状態になるのかという疑問は残ります。この疑問を解くために Be−Cl 結合の形成を 2 段

講義13 ● 混成軌道

図13.5 塩化ベリリウム $BeCl_2$ の形成

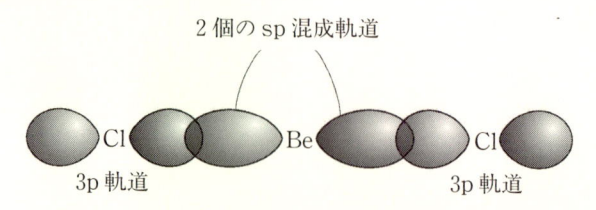

階に分けて考えてみましょう。すなわち，まず Be 原子が 2s 軌道と 2p 軌道から混成軌道をつくり，その後この混成軌道を Cl 原子の 3p 軌道と重ね合わせて結合を形成すると考えるのです(図 13.6)。

図13.6 エネルギー関係

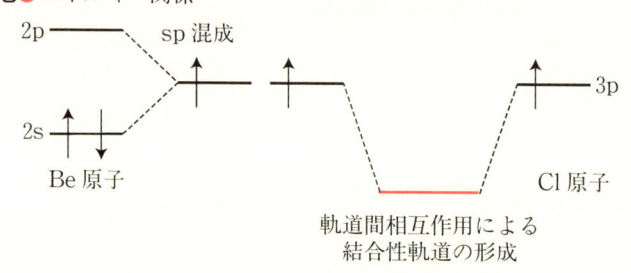

混成にともなう昇位によっていったんエネルギー的に不安定化します。しかし，軌道の混成により「軌道の広がり方」が変わるので，Cl 原子の 3p 軌道との軌道間の重なりが大きくなっており，そのため軌道間相互作用によるエネルギーの安定化が増大します。この結果，先の不安定化を補って余りある安定化が得られるのです。

　もっとも，軌道の混成は現実の物理現象ではなく仮想的なものであって，単なる説明のための手段にすぎません。化学結合の形成が，実際に①軌道の混成，②化学結合の形成という 2 段階で起こるのではないことには注意してください。

● sp^2 混成軌道

　つぎに三フッ化ホウ素を BF_3 を考えましょう。実験により BF_3 は正三角形分子であることがわかっています。しかし，ホウ素原子の基底状

態は $(1s)^2(2s)^2(2p)^1$ であり，不対電子が 1 個しかありません。B−F 結合を 3 本つくるには不対電子が 3 個必要ですから，3 個の不対電子を有する仮想的な状態を考えることが説明に便利です。そこで，再び B 原子の 2s 電子 1 個を 2p 軌道に昇位させてみましょう。

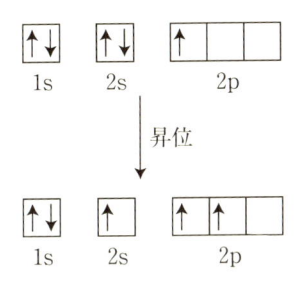

さらに 3 本の B−F 結合がまったく等価であるという実験事実を説明するため，2s 軌道と 2p 軌道 2 つを混ぜ合わせて **sp² 混成軌道**(**sp² hybrid orbital**)をつくってみましょう。

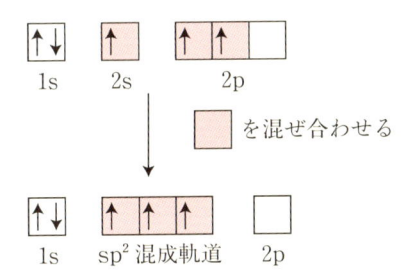

sp² 混成軌道の波動関数は，つぎの式で表されます。

$$\psi_1(\text{sp}^2) = \sqrt{\frac{1}{3}}\phi(2s) + \sqrt{\frac{2}{3}}\phi(2p_x)$$

$$\psi_2(\text{sp}^2) = \sqrt{\frac{1}{3}}\phi(2s) - \sqrt{\frac{1}{6}}\phi(2p_x) + \sqrt{\frac{1}{2}}\phi(2p_y)$$

$$\psi_3(\text{sp}^2) = \sqrt{\frac{1}{3}}\phi(2s) - \sqrt{\frac{1}{6}}\phi(2p_x) - \sqrt{\frac{1}{2}}\phi(2p_y)$$

3 個の軌道 ψ_1, ψ_2, ψ_3 はエネルギー準位が等しく，正三角形の頂点方向に広がっています(図 13.7)。波動関数はすべて規格化されており，

互いに直交関係にあります。また、電子密度が$|\psi|^2$に比例することと、それぞれの原子軌道の係数を2乗した値$(1/\sqrt{3})^2=1/3$, $(\sqrt{2/3})^2=(1/\sqrt{6})^2+(1/\sqrt{2})^2=2/3$から、s軌道とp軌道の混合比はたしかに1:2となっていることがわかるでしょう。

このsp^2混成軌道とF原子の2p軌道間の相互作用を考えれば、BF_3の正三角形構造が説明できます。

図13.7 ● sp^2 混成軌道

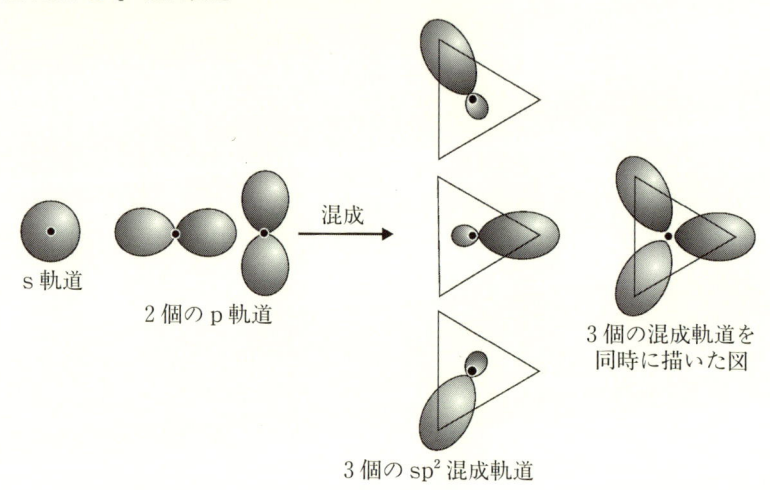

s軌道　　2個のp軌道　　混成　　3個のsp^2混成軌道　　3個の混成軌道を同時に描いた図

● sp^3 混成軌道

続いて、メタン分子CH_4を考えましょう。ご存知のようにCH_4は正四面体形の分子です。しかし、炭素原子の基底状態は$(1s)^2(2s)^2(2p)^2$ですから不対電子は2個しかありません。C-H結合を4本つくるには

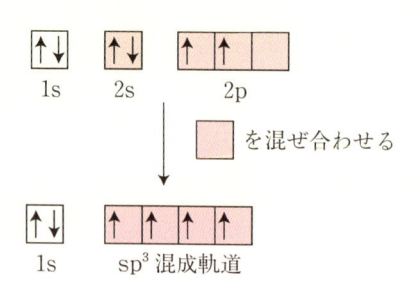

1s　2s　2p

を混ぜ合わせる

1s　sp^3混成軌道

不対電子が4個必要であること，および4本のC–H結合が等価であることの双方を考慮すると，CH$_4$中の炭素原子は，2s軌道と2p軌道3つが混ざり合った**sp^{3}混成軌道**をつくっているとみるのが適当でしょう。sp^{3}混成軌道の波動関数はつぎの式で表されます。

$$\psi_1(\mathrm{sp}^3) = \frac{1}{2}\{\phi(2\mathrm{s}) + \phi(2\mathrm{p}_x) + \phi(2\mathrm{p}_y) + \phi(2\mathrm{p}_z)\}$$

$$\psi_2(\mathrm{sp}^3) = \frac{1}{2}\{\phi(2\mathrm{s}) + \phi(2\mathrm{p}_x) - \phi(2\mathrm{p}_y) - \phi(2\mathrm{p}_z)\}$$

$$\psi_3(\mathrm{sp}^3) = \frac{1}{2}\{\phi(2\mathrm{s}) - \phi(2\mathrm{p}_x) + \phi(2\mathrm{p}_y) - \phi(2\mathrm{p}_z)\}$$

$$\psi_4(\mathrm{sp}^3) = \frac{1}{2}\{\phi(2\mathrm{s}) - \phi(2\mathrm{p}_x) - \phi(2\mathrm{p}_y) + \phi(2\mathrm{p}_z)\}$$

4個の軌道 $\psi_1, \psi_2, \psi_3, \psi_4$ はエネルギー準位が等しく，正四面体の頂点方向に広がっています（図13.8）。

図13.8●sp^{3}混成軌道

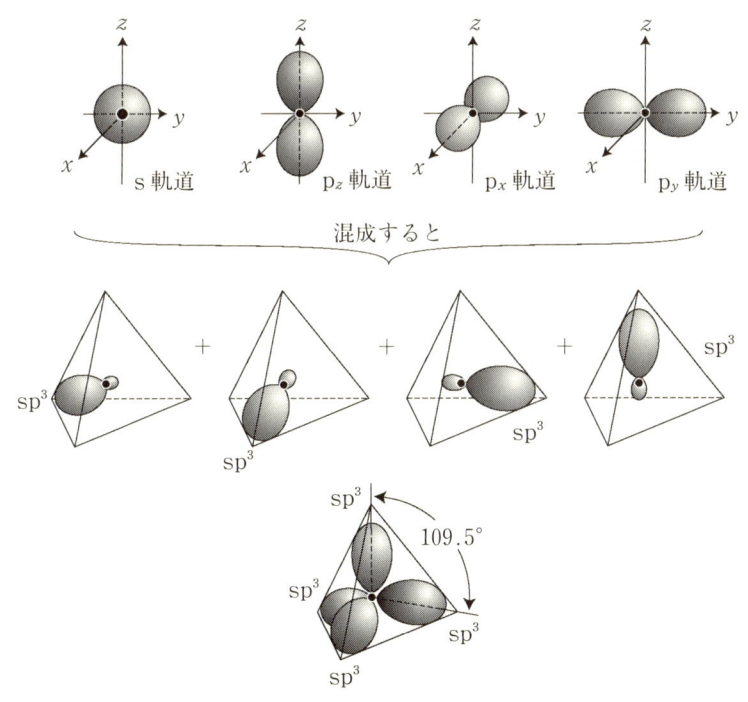

4個のsp^{3}軌道を同時に描いた図

また、波動関数はすべて規格化されており、互いに直交関係にあります。そして、それぞれの原子軌道の係数を2乗した値 $(1/2)^2=1/4$, $(1/2)^2+(1/2)^2+(1/2)^2=3/4$ から、s軌道とp軌道の混合比が1:3であることが確認できます。

●留意事項

混成軌道は、伝統的な化学結合論を様々な分子に適用可能とする点でとても便利な考え方です。しかし、あくまで説明のための手段であって、実際に軌道の混成という物理現象が起きているわけではありません。分子の形はエネルギーによってのみ決まるのであって、混成方法によって決まるのではありません。したがって、「炭素原子が sp^3 混成状態にあるから CH_4 は正四面体形をしている」という論理は完全な誤りです。

ある分子について混成軌道の考え方を利用する場合、①まず、その分子のルイス構造式を描き、②VSEPRの手法によって分子の形を予測し、③その形によって混成軌道の種類を判断し、④その上で混成軌道により結合の性質を考えていくという段階を踏む必要があるのです。

なお、本文で触れた sp, sp^2, および sp^3 混成軌道以外にもd軌道を含むいくつかの混成軌道が考えられます。それほど重要ではないので、覚えておく必要まではないでしょう。

表13.1●その他の混成軌道

混成軌道の名称	混成される原子軌道の例	混成後の等価な軌道の数	表現される分子の構造	分子の例
sp^3d 混成軌道	$3s, 3p_{x,y,z}, 3d_{z^2}$	5	三方両錐形	PF_5
sp^3d^2 混成軌道	$3s, 3p_{x,y,z}, 3d_{z^2}, 3d_{x^2-y^2}$	6	正八面体形	SF_6
d^2sp^3 混成軌道	$4s, 4p_{x,y,z}, 3d_{z^2}, 3d_{x^2-y^2}$	6	正八面体形	$[Co(NH_3)_6]^{3+}$

> **実習問題 13-1**
>
> sp, sp² 混成軌道の波動関数に関して，①規格化されていること，および②軌道どうしが直交していることを確認せよ。なお，軌道 ϕ_1 と ϕ_2 が直交するとは
>
> $$\int \phi_1^* \phi_2 \, d\tau = 0$$
>
> が成立することを意味し，また，原子軌道関数 $\phi(2s)$ と $\phi(2p)$ は規格化されて，互いに直交しているとする。

解答 & 解説

(1) sp 混成軌道の波動関数は，

$$\psi_1(\mathrm{sp}) = \frac{1}{\sqrt{2}}\{\phi(2\mathrm{s}) + \phi(2\mathrm{p}_z)\}$$

$$\psi_2(\mathrm{sp}) = \frac{1}{\sqrt{2}}\{\phi(2\mathrm{s}) - \phi(2\mathrm{p}_z)\}$$

原子軌道関数 $\phi(2\mathrm{s})$ と $\phi(2\mathrm{p}_z)$ は規格化されており，また互いに直交するから，

$$\int |\phi(2\mathrm{s})|^2 \, d\tau = \int |\phi(2\mathrm{p}_z)|^2 \, d\tau = \boxed{\text{(a)}}$$

$$\int \phi^*(2\mathrm{s})\phi(2\mathrm{p}_z) \, d\tau = \int \phi^*(2\mathrm{p}_z)\phi(2\mathrm{s}) \, d\tau = \boxed{\text{(b)}}$$

これらより，

①：$\int |\psi_1(\mathrm{sp})|^2 \, d\tau = \int \left|\frac{1}{\sqrt{2}}\phi(2\mathrm{s}) + \frac{1}{\sqrt{2}}\phi(2\mathrm{p}_z)\right|^2 d\tau$

$$= \left(\frac{1}{\sqrt{2}}\right)^2 \boxed{\text{(c)}} + \left(\frac{1}{\sqrt{2}}\right)^2 \boxed{\text{(d)}}$$

$$= \frac{1}{2} \times 1 + \frac{1}{2} \times 1 = 1$$

同様にして，

$$\int |\psi_2(\mathrm{sp})|^2 \, d\tau = 1$$

また，

② : $\int \psi_1{}^*(\text{sp})\, \psi_2(\text{sp})\, d\tau$

$= \int \left\{ \dfrac{1}{\sqrt{2}} \phi^*(2s) + \dfrac{1}{\sqrt{2}} \phi^*(2p_z) \right\} \cdot \left\{ \dfrac{1}{\sqrt{2}} \phi(2s) - \dfrac{1}{\sqrt{2}} \phi(2p_z) \right\} d\tau$

$= \left(\dfrac{1}{\sqrt{2}} \right)^2 \boxed{}\,(e) - \left(\dfrac{1}{\sqrt{2}} \right)^2 \boxed{}\,(f)$

$= \dfrac{1}{2} \times 1 - \dfrac{1}{2} \times 1 = 0$

(2) sp^2 混成軌道の波動関数は,

$$\psi_1(\text{sp}^2) = \sqrt{\dfrac{1}{3}} \phi(2s) + \sqrt{\dfrac{2}{3}} \phi(2p_x)$$

$$\psi_2(\text{sp}^2) = \sqrt{\dfrac{1}{3}} \phi(2s) - \sqrt{\dfrac{1}{6}} \phi(2p_x) + \sqrt{\dfrac{1}{2}} \phi(2p_y)$$

$$\psi_3(\text{sp}^2) = \sqrt{\dfrac{1}{3}} \phi(2s) - \sqrt{\dfrac{1}{6}} \phi(2p_x) - \sqrt{\dfrac{1}{2}} \phi(2p_y)$$

原子軌道関数 $\phi(2s), \phi(2p_x), \phi(2p_y)$ が規格化されており,また互いに直交することを利用すると,

① : $\int |\psi_1(\text{sp}^2)|^2\, d\tau = \int \left| \sqrt{\dfrac{1}{3}} \phi(2s) + \sqrt{\dfrac{2}{3}} \phi(2p_x) \right|^2 d\tau$

$= \left(\sqrt{\dfrac{1}{3}} \right)^2 \int |\phi(2s)|^2\, d\tau + \left(\sqrt{\dfrac{2}{3}} \right)^2 \int |\phi(2p_x)|^2\, d\tau$

$= \dfrac{1}{3} \times 1 + \dfrac{2}{3} \times 1 = 1$

同様にして,

$$\int |\psi_2(\text{sp}^2)|^2\, d\tau = \int |\psi_3(\text{sp}^2)|^2\, d\tau = 1$$

また,

② : $\int \psi_1{}^*(\text{sp}^2)\, \psi_2(\text{sp}^2)\, d\tau$

$= \int \left\{ \sqrt{\dfrac{1}{3}} \phi^*(2s) + \sqrt{\dfrac{2}{3}} \phi^*(2p_x) \right\}$

$\qquad \times \left\{ \sqrt{\dfrac{1}{3}} \phi(2s) - \sqrt{\dfrac{1}{6}} \phi(2p_x) + \sqrt{\dfrac{1}{2}} \phi(2p_y) \right\} d\tau$

$$= \boxed{\text{(g)}} \int |\phi(2\mathrm{s})|^2 \, \mathrm{d}\tau$$

$$- \boxed{\text{(h)}} \int |\phi(2\mathrm{p}_x)|^2 \, \mathrm{d}\tau$$

$$= \frac{1}{3} \times 1 - \frac{1}{3} \times 1 = 0$$

同様にして

$$\int \psi_1{}^*(\mathrm{sp}^2) \cdot \psi_3(\mathrm{sp}^2) \, \mathrm{d}\tau = 0, \quad \int \psi_2{}^*(\mathrm{sp}^2) \cdot \psi_3(\mathrm{sp}^2) \, \mathrm{d}\tau = 0$$

も示すことができます。★

....

(a) 1　　(b) 0　　(c) $\int |\phi(2\mathrm{s})|^2 \, \mathrm{d}\tau$　　(d) $\int |\phi(2\mathrm{p}_z)|^2 \, \mathrm{d}\tau$

(e) $\int |\phi(2\mathrm{s})|^2 \, \mathrm{d}\tau$　　(f) $\int |\phi(2\mathrm{p}_z)|^2 \, \mathrm{d}\tau$　　(g) $\left(\sqrt{\dfrac{1}{3}}\right)^2$　　(h) $\sqrt{\dfrac{2}{3}} \cdot \sqrt{\dfrac{1}{6}}$

演習問題 13-1 混成軌道の考え方を使って，(1)アセチレン C_2H_2，(2)エチレン C_2H_4，(3)アンモニア NH_3 と水 H_2O の各分子構造を説明せよ。

解答&解説 (1) アセチレン C_2H_2 の電子式およびルイス構造式は，

$$H:C::C:H \qquad H-C\equiv C-H$$

図より C_2H_2 中の2つの炭素原子は，ともに2方向に電子対があるのでsp混成をしていると考えられます。

↑↓	↑ ↑	↑ ↑
1s	sp混成軌道	2p

分子中の炭素原子は結合軸上にあるsp混成軌道中の不対電子を用いて水素原子および別の炭素原子とσ結合します。そして，p軌道中の不対電子によって，別の炭素原子と2本のπ結合を形成します。この結果，C_2H_2 の炭素間結合は三重結合となります(図13.9)。

図13.9●アセチレンの結合

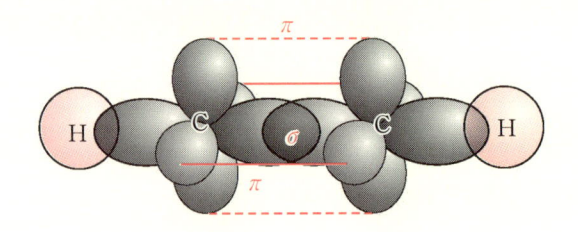

(2) エチレン C_2H_4 の電子式およびルイス構造式は，

$$\begin{array}{cc} H & H \\ H:C::C:H \end{array} \qquad \begin{array}{cc} H & H \\ | & | \\ H-C=C-H \end{array}$$

図より C_2H_4 中の2つの炭素原子はともに3方向に電子対があり，sp^2 混成をしていると考えられます。

↑↓	↑ ↑ ↑	↑
1s	sp^2 混成軌道	2p

炭素原子は，sp^2 混成軌道中の不対電子で2個の水素原子および別の

炭素原子と σ 結合します。そして，p 軌道中の不対電子で別の炭素原子とさらに π 結合をつくります。その結果，C_2H_4 の炭素間結合は二重結合になります(図 13.10)。

図13.10 ●エチレンの結合

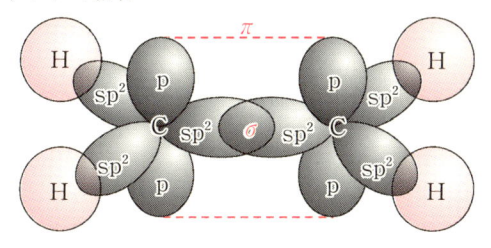

(3) アンモニア NH_3 と水 H_2O の電子式およびルイス構造式は，

$$H:\!\!\overset{..}{\underset{H}{N}}\!\!:H \quad H-\underset{H}{N}-H \quad H:\!\!\overset{..}{\underset{..}{O}}\!\!:H \quad H-O-H$$

図より N 原子と O 原子はともに 4 方向に電子対があるので sp^3 混成をしていると考えられます。

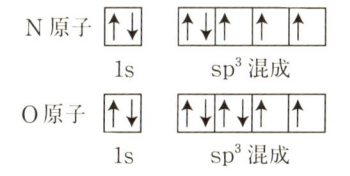

N 原子およびO原子は，sp^3 混成軌道中の不対電子を用いて水素原子と σ 結合します(図 13.11)。このとき，sp^3 混成軌道中に非共有電子対が，アンモニア NH_3 には 1 対，水 H_2O には 2 対存在しています。

図13.11 ●アンモニアおよび水の結合

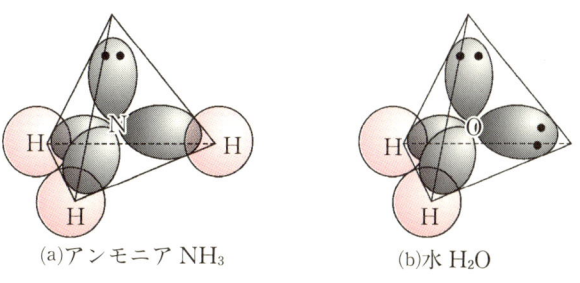

(a)アンモニア NH_3　　(b)水 H_2O

講義 14 π電子共役系

● 道案内

　ベンゼンに特別な安定性があることはよく知られています。程度の差はありますが，同様の安定性が1,3-ブタジエンにもみられます。ベンゼンと1,3-ブタジエンの構造式の共通点は，炭素間の二重結合と単結合が交互に描かれる点です。このような系をπ電子共役系といいますが，まず共役系という用語の意味とその安定化を学びましょう。

図14.1●ベンゼンとブタジエン

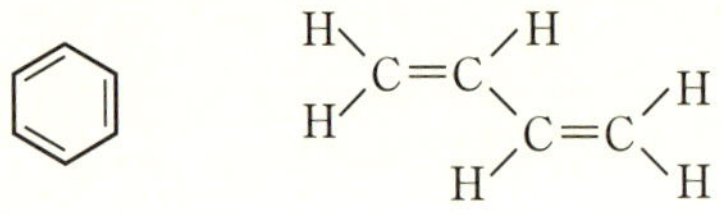

(a)ベンゼン　　　(b)1,3-ブタジエン

　これらπ電子共役系の分子軌道を考察する場合，単純ヒュッケル法という方法がよく利用されます。単純ヒュッケル法は近似法の一種で，簡単な計算によりπ電子の分子軌道を把握できる便利な方法です。少し面倒なところもあるでしょうが，π電子共役系の単純ヒュッケル法による扱い方をきちんと習得しましょう。

● 共役二重結合

　たとえば1,3-ブタジエン $CH_2=CH-CH=CH_2$ のように，二重結合と単結合が交互に存在する系を**共役系**(conjugated system)といいます。共役系中の二重結合は**共役二重結合**(conjugated double bond)とよばれます。共役系は普通の二重結合と異なり，物理的にも化学的にも特異

な性質を示します。

共役系の例として 1,3-ブタジエン $CH_2=CH-CH=CH_2$ を扱い，結合の性質を検討しましょう。1,3-ブタジエンの炭素原子はすべて 3 方向に電子対をもっていますから，エチレン C_2H_4 と同じく sp^2 混成の状態にあると考えられます。そして，各炭素原子の 2p 軌道間の重なりによって π 結合が形成されています(図 14.2)。

図14.2● 1,3-ブタジエン

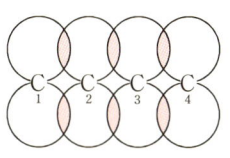

$$H_2\underset{1}{C}=\underset{2}{C}H-\underset{3}{C}H=\underset{4}{C}H_2$$

このとき π 結合を形成している 4 個の電子(π 電子)は，特定の炭素原子間に局在しているのではなく，p 軌道の重なりを通して 4 個の炭素原子の間を広く動き回ることができます(図 14.3)。このように，共役系は π 電子が共役系全体を広く動き回っているという特徴があるのです。このことを π 電子の**非局在化(delocalization)**といいます。

図14.3● π 電子の非局在化

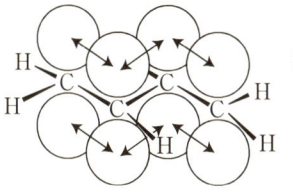

π 電子は共役系全体を動き回ることができる。

π 電子が非局在化するために，炭素間結合の距離にある特徴が現れます。共役系の単結合は少し二重結合の性格を帯びるため普通の単結合より結合距離が短めになり，また共役系の二重結合はやや単結合の性格を帯びるため普通の二重結合より結合距離が長めになるのです(表 14.1)。つまり，共役系の炭素間結合は「1.5 重結合的性格」をもつといえるでしょう。

表14.1 ● 炭素間結合の距離(Å)

$\overset{a}{C}H_2=\overset{b}{C}H-\overset{c}{C}H=CH_2$ ブタジエン	C_b-C_c 1.468	C_a-C_b 1.348
$\overset{a}{C}H_2=\overset{b}{C}H-\overset{c}{C}H_3$ プロペン	C_b-C_c 1.506	C_a-C_b 1.341
$CH_3-CH_2-CH_3$ プロパン	$C-C$ 1.532	

● 共役と共鳴

π電子共役系はπ電子が非局在化する結果，特徴ある炭素間結合距離を示すだけでなく，特別な安定性をも示します。この安定化は非常に重要なものであり，安定化エネルギーを**非局在化エネルギー(共鳴エネルギー)** とよんでいます。

1,3-ブタジエンにおけるπ電子の非局在化は，共鳴構造式で示すことが可能です(図14.4)。共鳴による安定化エネルギーである共鳴エネルギーは，非局在化エネルギーと同じものを意味しているのです。

図14.4 ● ブタジエンの共鳴構造式

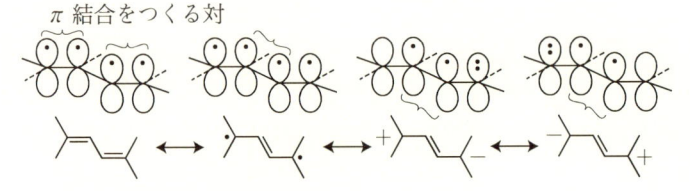

● ヒュッケルの分子軌道法

π電子共役系の電子状態をさらによく理解するため，系を量子力学的に扱ってみましょう。これにより非局在化エネルギーの正体がより明確になるだろうと思います。

1,3-ブタジエンやベンゼンなどのπ電子共役系分子の電子状態を量子力学的に考察する場合には，しばしば分子平面の上下方向を向いたp

軌道の電子である π 電子だけを取り上げて扱う近似（π 電子近似）が用いられます。多原子分子を量子力学的に扱う場合，うまく近似しないと式が複雑になり過ぎるのですが，π 電子はよい近似で σ 電子系から分離して扱うことができるのです。

このように π 電子近似を採用した上でリッツの変分法を用い，永年方程式を解いて π 電子系の分子軌道を考察することがよく行われます。さらにより一層計算を簡素化するため，リッツの変分法においてつぎの❶〜❸の近似を加えましょう。これは，**単純ヒュッケル法（simple Hückel method）** とよばれる取り扱い方です。

❶ 共役炭素原子すべてに対して $H_{rr} = \alpha$ とする。ここで，α はクーロン積分とよばれるパラメターである。

❷ 隣接炭素原子間については $H_{rs} = \beta$ とする。一方，隣接していない炭素原子間では $H_{rs} = 0$ とする。ここで，β は共鳴積分とよばれるパラメターである。

❸ $r \neq s$ の場合は，$S_{rs} = 0$ とする。つまり，重なり積分を無視する。

図14.5 ● 単純ヒュッケル法

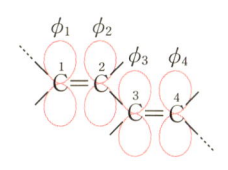

π 結合に関わっている各炭素原子の p 軌道を $\phi_1, \phi_2, \phi_3, \cdots$ と記す。

$$H_{rs} = \int \phi_r^* \hat{H} \phi_s \, d\tau$$
$$S_{rs} = \int \phi_r^* \phi_s \, d\tau$$

● エチレンの分子軌道

この単純ヒュッケル法をエチレン C_2H_4 に具体的に適用して，π 電子の分子軌道を求めてみましょう。

エチレン

まず，エチレン C_2H_4 の分子軌道 Ψ を各炭素原子の 2p 軌道関数の線形結合で表します(LCAO 法)。

$$\Psi = C_1\phi_1 + C_2\phi_2$$

この場合の永年方程式は，単純ヒュッケル法の近似のもと

$$\begin{cases}(H_{11}-ES_{11})C_1+(H_{12}-ES_{12})C_2 = (\alpha-E)C_1+\beta C_2 = 0\\ (H_{21}-ES_{21})C_1+(H_{22}-ES_{22})C_2 = \beta C_1+(\alpha-E)C_2 = 0\end{cases}$$

よって

$$\begin{vmatrix}\alpha-E & \beta \\ \beta & \alpha-E\end{vmatrix} = 0 \text{ より，}(\alpha-E)^2-\beta^2 = 0$$

したがって

$$E = \alpha \pm \beta$$

共鳴積分 β は負の値ですから，結合性軌道 Ψ_1 のエネルギー準位が $E_1=\alpha+\beta$ であり，反結合性軌道 Ψ_2 のエネルギー準位が $E_2=\alpha-\beta$ に対応します(図 14.6)。$E_1=\alpha+\beta$ を永年方程式に代入すると

$$\{\alpha-(\alpha+\beta)\}C_1+\beta C_2 = 0$$

よって，

$$C_1 = C_2$$

さらに Ψ_1 の規格化の条件式より

$$C_1 = C_2 = \frac{1}{\sqrt{2}}$$

と求まりますから，結合性軌道 Ψ_1 の波動関数は，

$$\Psi_1 = \frac{1}{\sqrt{2}}(\phi_1+\phi_2)$$

同様にして，反結合性軌道 Ψ_2 の波動関数は

$$\Psi_2 = \frac{1}{\sqrt{2}}(\phi_1-\phi_2)$$

となります。

図14.6 エチレンのπ電子の分子軌道

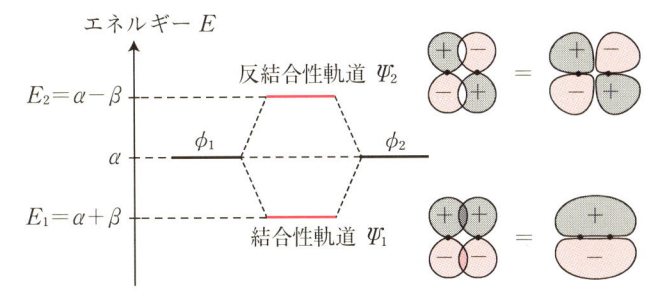

演習問題 14-1

単純ヒュッケル法により，1,3-ブタジエンのπ電子系の分子軌道のエネルギー準位を求めよ。あわせて，非局在化エネルギーも計算せよ。

解答&解説

まず，1,3-ブタジエンのπ電子系の分子軌道Ψを各炭素原子の2p軌道関数ϕの線形結合で表します（LCAO法）。

$$\Psi = C_1\phi_1 + C_2\phi_2 + C_3\phi_3 + C_4\phi_4$$

1,3-ブタジエン

単純ヒュッケル法を用いると，この場合の永年方程式は

$$\begin{cases} (\alpha-E)C_1 + \beta C_2 + 0\cdot C_3 + 0\cdot C_4 = 0 \\ \beta C_1 + (\alpha-E)C_2 + \beta C_3 + 0\cdot C_4 = 0 \\ 0\cdot C_1 + \beta C_2 + (\alpha-E)C_3 + \beta C_4 = 0 \\ 0\cdot C_1 + 0\cdot C_2 + \beta C_3 + (\alpha-E)C_4 = 0 \end{cases}$$

よって

$$\begin{vmatrix} \alpha-E & \beta & 0 & 0 \\ \beta & \alpha-E & \beta & 0 \\ 0 & \beta & \alpha-E & \beta \\ 0 & 0 & \beta & \alpha-E \end{vmatrix} = 0$$

ここで，計算の便宜のため $x=(\alpha-E)/\beta$ と置くと

$$\begin{vmatrix} x & 1 & 0 & 0 \\ 1 & x & 1 & 0 \\ 0 & 1 & x & 1 \\ 0 & 0 & 1 & x \end{vmatrix} = 0$$

これより

$$x^4-3x^2+1 = (x^2-1)^2-x^2 = (x^2+x-1)(x^2-x-1) = 0$$

$$\therefore \quad x = \frac{-1\pm\sqrt{5}}{2}, \quad \frac{1\pm\sqrt{5}}{2}$$

よって，エネルギー $E = \alpha-x\beta$ を小さい順に記すと，

$$E_1 = \alpha+\frac{1+\sqrt{5}}{2}\beta, \quad E_2 = \alpha+\frac{-1+\sqrt{5}}{2}\beta$$

$$E_3 = \alpha-\frac{-1+\sqrt{5}}{2}\beta, \quad E_4 = \alpha-\frac{1+\sqrt{5}}{2}\beta$$

4個の π 電子は，$E_1=\alpha+\{(1+\sqrt{5})/2\}\beta$, $E_2=\alpha+\{(-1+\sqrt{5})/2\}\beta$ のエネルギー準位の軌道に2個ずつ配置されるから，π 電子エネルギーは

$$(\pi\text{電子エネルギー}) = 2E_1+2E_2 = 4\alpha+2\sqrt{5}\beta$$

π 電子が局在化している仮想的な1,3-ブタジエンの π 電子エネルギーは，エチレンの2個分の π 電子エネルギーとみなせるので，図14.6を参照すると $2\times(2\alpha+2\beta)=4\alpha+4\beta$ と求まる．したがって，非局在化による安定化エネルギーは

$$(\text{非局在化エネルギー}) = (4\alpha+2\sqrt{5}\beta)-(4\alpha+4\beta)$$
$$= 2(\sqrt{5}-2)\beta = 0.4472\beta$$

なお，1,3-ブタジエンの分子軌道のエネルギー準位と，その値を永年方程式に代入して求めた波動関数は図14.7のようになります．

図14.7 ブタジエンのπ電子の分子軌道

$H_2\overset{1}{C}=\overset{2}{C}H-\overset{3}{C}H=\overset{4}{C}H_2$

分子軌道の概形	分子軌道関数	軌道エネルギー	基底電子配置
Ψ_4	$\Psi_4 = 0.372\phi_1 - 0.602\phi_2 + 0.602\phi_3 - 0.372\phi_4$	$E_4 = \alpha - 1.618\beta$	—
Ψ_3	$\Psi_3 = 0.602\phi_1 - 0.372\phi_2 - 0.372\phi_3 + 0.602\phi_4$	$E_3 = \alpha - 0.618\beta$	—
Ψ_2	$\Psi_2 = 0.602\phi_1 + 0.372\phi_2 - 0.372\phi_3 - 0.602\phi_4$	$E_2 = \alpha + 0.618\beta$	↑↓
Ψ_1	$\Psi_1 = 0.372\phi_1 + 0.602\phi_2 + 0.602\phi_3 + 0.372\phi_4$	$E_1 = \alpha + 1.618\beta$	↑↓

★

●ベンゼンの電子状態

　最も基本的な芳香族であるベンゼンは，平面六角形の安定な化合物です。共鳴理論によると，ベンゼンは等価な2個の極限構造式の重ね合わせで表されます。ベンゼンの6本の炭素間結合すべて等価で「1.5重結合的性格」をもつといわれることもあります。π電子は，ベンゼン環全体に非局在化しているのです。

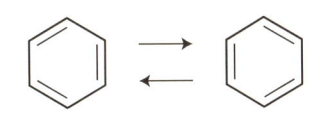

　ここでは，単純ヒュッケル法を用いて，①ベンゼンにおけるπ電子の非局在化の様子，および②それに由来するベンゼン環の特別な安定性について検討しましょう。

　いつも同様，まずはベンゼンのπ電子系の分子軌道 Ψ を各炭素原子の 2p 軌道関数 ϕ の線形結合で表します（LCAO法）。

$$\Psi = C_1\phi_1 + C_2\phi_2 + C_3\phi_3 + C_4\phi_4 + C_5\phi_5 + C_6\phi_6$$

永年方程式は

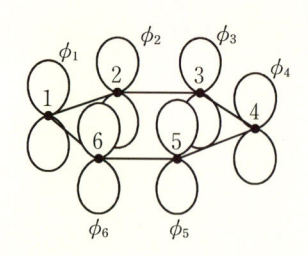

$$\begin{cases} (\alpha-E)C_1 \quad +\beta C_2 \qquad\qquad\qquad\qquad\qquad\qquad +\beta C_6 = 0 \\ \beta C_1+(\alpha-E)C_2 \quad +\beta C_3 \qquad\qquad\qquad\qquad\qquad = 0 \\ \qquad\quad \beta C_2+(\alpha-E)C_3 \quad +\beta C_4 \qquad\qquad\qquad = 0 \\ \qquad\qquad\quad \beta C_3+(\alpha-E)C_4 \quad +\beta C_5 \qquad = 0 \\ \qquad\qquad\qquad\quad \beta C_4+(\alpha-E)C_5 \quad +\beta C_6 = 0 \\ \beta C_1+\qquad\qquad\qquad\qquad\qquad\quad \beta C_5+(\alpha-E)C_6 = 0 \end{cases}$$

よって

$$\begin{vmatrix} \alpha-E & \beta & 0 & 0 & 0 & \beta \\ \beta & \alpha-E & \beta & 0 & 0 & 0 \\ 0 & \beta & \alpha-E & \beta & 0 & 0 \\ 0 & 0 & \beta & \alpha-E & \beta & 0 \\ 0 & 0 & 0 & \beta & \alpha-E & \beta \\ \beta & 0 & 0 & 0 & \beta & \alpha-E \end{vmatrix} = 0$$

ここで，計算の便宜のため $x=(\alpha-E)/\beta$ とおくと

$$\begin{vmatrix} x & 1 & 0 & 0 & 0 & 1 \\ 1 & x & 1 & 0 & 0 & 0 \\ 0 & 1 & x & 1 & 0 & 0 \\ 0 & 0 & 1 & x & 1 & 0 \\ 0 & 0 & 0 & 1 & x & 1 \\ 1 & 0 & 0 & 0 & 1 & x \end{vmatrix} = 0$$

これより

$$(x^2-1)^2(x^2-4) = 0$$
$$\therefore \quad x = 2, 1, 1, -1, -1, -2$$

したがって，エネルギー $E=α-xβ$ を小さい順に記すと，
$$E_1 = α+2β, \quad E_2 = E_3 = α+β$$
$$E_4 = E_5 = α-β, \quad E_6 = α-2β$$
また，この値を永年方程式に代入することで，分子軌道の波動関数はエネルギーの低い順に

$$\Psi_1 = \frac{1}{\sqrt{6}}(\phi_1+\phi_2+\phi_3+\phi_4+\phi_5+\phi_6)$$

$$\Psi_2 = \frac{1}{2}(\phi_2+\phi_3-\phi_5-\phi_6)$$

$$\Psi_3 = \frac{1}{\sqrt{12}}(2\phi_1+\phi_2-\phi_3-2\phi_4-\phi_5+\phi_6)$$

$$\Psi_4 = \frac{1}{\sqrt{12}}(2\phi_1-\phi_2-\phi_3+2\phi_4-\phi_5-\phi_6)$$

$$\Psi_5 = \frac{1}{2}(\phi_2-\phi_3+\phi_5-\phi_6)$$

$$\Psi_6 = \frac{1}{\sqrt{6}}(\phi_1-\phi_2+\phi_3-\phi_4+\phi_5-\phi_6)$$

と求まります(図14.8)。

図14.8●ベンゼンの π 電子の分子軌道

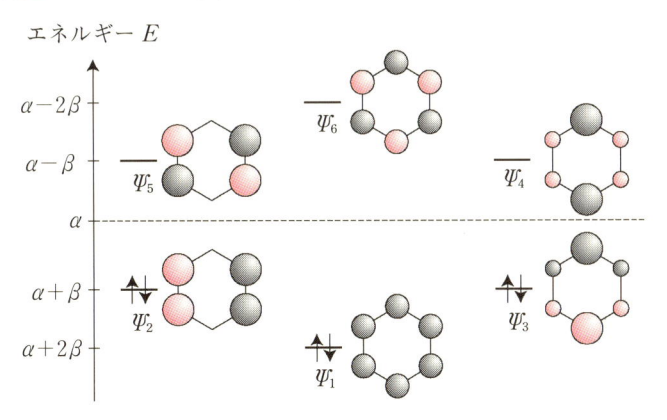

> **実習問題 14-1**
>
> 前ページの結果を利用して、ベンゼンについて、(1)各炭素原子上の π 電子密度 q、(2)非局在化エネルギーの大きさをそれぞれ求めよ。ただし、炭素原子 r 上の π 電子密度は
>
> $q_r = 2\sum C_r^2$ （ただし、被占軌道についてのみ和をとる。）
>
> で表されるものとする。

解答&解説

(1) Ψ_1, Ψ_2, Ψ_3 が被占軌道なので、炭素原子 1 上の π 電子密度 q_1 は

$$q_1 = 2\sum C_1^2 = \boxed{\text{(a)}\qquad\qquad} = 1$$

同様な計算で、他の炭素原子上の π 電子密度 q も 1 と求まります。この計算結果から、ベンゼン環上の π 電子は 6 個の炭素原子上に均等に分布していることがわかります。

(2) 6 個の π 電子は、$\Psi_1(E_1=\alpha+2\beta)$, $\Psi_2(E_2=\alpha+\beta)$, $\Psi_3(E_3=\alpha+\beta)$ に 2 個ずつ配置されるから、π 電子エネルギーは

$$(\pi\text{電子エネルギー}) = 2E_1+2E_2+2E_3 = \boxed{\text{(b)}\qquad\qquad}$$

ここで π 電子が局在化している仮想的なベンゼンの π 電子エネルギーは、エチレンの 3 個分の π 電子エネルギーとみなせるから $3\times(2\alpha+2\beta) = \boxed{\text{(c)}\qquad\qquad}$ です。したがって、非局在化による安定化エネルギーは、

$$(\text{非局在化エネルギー}) = (6\alpha+8\beta) - (6\alpha+6\beta) = \boxed{\text{(d)}\qquad\qquad}$$

と求まります。

「ベンゼン環に特別な安定性がある」のは、π 電子の存在領域が広がっていることが理由となっています。「箱の中の自由粒子」の扱いにおいて、箱が大きくなるほど箱の中の自由粒子のエネルギー準位が低下したことを思い出すとよいでしょう。 ★

(a) $2\times\left\{\left(\dfrac{1}{\sqrt{6}}\right)^2+\left(\dfrac{2}{\sqrt{12}}\right)^2\right\}$ (b) $6\alpha+8\beta$ (c) $6\alpha+6\beta$ (d) 2β

APPENDIX 付録

物理の simple reference

●ニュートンの運動方程式

　ある物体の単位時間あたりの位置ベクトル r の変化，すなわち位置ベクトル r の時間微分をその物体の**速度**(velocity)といいます。速度 v は微分記号を用いて

$$v = \frac{dr}{dt}$$

と書けます。また，単位時間あたりの速度 v の変化，すなわち速度 v の時間微分を**加速度**(acceleration)といいます。加速度 a は

$$a = \frac{dv}{dt}$$

と書けます。
　質点の運動についてニュートンの発見した**運動の法則**(low of motion)によれば，質量 m，加速度 a，力 F の間にはつぎの関係式が成立します。

$$ma = F$$

この関係式は**ニュートンの運動方程式**(Newton's equation of motion)とよばれており**古典力学**(classical mechanics)の基礎方程式に位置づけられます。
　物体に作用する正味の力が 0 のときは加速度が 0 となりますから，この物体は速度が一定の運動，つまり等速直線運動を行います。一方，速度が時間とともに変化する円運動などは加速度運動です(図 A.1)。

図A.1●等速直線運動と加速度運動

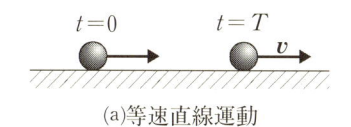

(a)等速直線運動

力が働いていない場合($F=0$)加速度が0($a=0$)なので速度vは変化せず,等速直線運動になる。

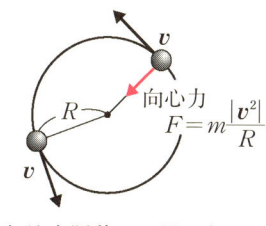

(b)加速度運動の一種である等速円運動

向心力 $F=m\dfrac{|v|^2}{R}$

力が働いている場合($F\neq0$)は加速度が0とならず($a\neq0$),速度vは時間とともに変化する。等速円運動では向心力とよばれる力$\left(F=m\dfrac{|v|^2}{R}\right)$が働いており,時間とともに速度$v$の向きが変化している。

●運動量

質量mの質点が速度vで運動しているとき

$$p = mv$$

で定義されるpを**運動量**(momentum)といいます。運動量は速度vと同じ方向をもつベクトル量です(図A.2)。

図A.2●運動量

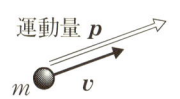

運動量 p

●角運動量

適当な点を原点Oとし,その点から測った質点の位置ベクトルをr,その質点の運動量をpとするときrとpのベクトル積

$$L = r \times p$$

で定義されるLを,質点が点Oに関してもつ**角運動量**(angular momentum)といいます。ベクトル積の定義からLはrとpの双方に垂直であり,向きはrからpの方向へ右ねじを回したときにねじが進

む方向になります。また L の大きさについては，$|L|=|r|\cdot|p|\sin\theta$ の関係が成立します（図A.3）。

図A.3 ●ベクトル積

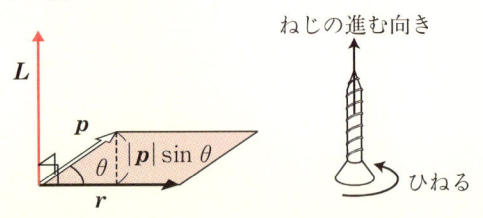

L の大きさ $|L|$ は図の平行四辺形の面積 $|r|\cdot|p|\sin\theta$ に一致する。

角運動量は「質点が点Oに関してもつ」ものであり，基準となる点Oの場所によって，質点のもつ角運動量は異なってくることに気をつけてください。たとえば点Oを r と p が一直線上になるようにとると，その質点が点Oに関してもつ角運動量は0となります。

図A.4 ●角運動量

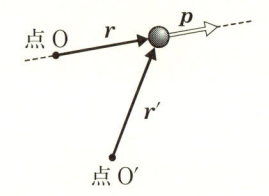

図の質点が点Oに関してもつ角運動量 L は，
$$L=r\times p=0$$
であるが，点O′に関してもつ角運動 L' は，
$$L'=r'\times p\neq 0$$
である。

●クーロンの法則

電荷を帯びた粒子間には力が働きます。この電荷間に働く静電気力を**クーロン力**(Coulomb's force)といいます。ほとんどの化学現象がこの力によって引き起こされていますから，化学的考察にあたってクーロン力は非常に重要な力です。

クーロン力は帯電粒子間距離の2乗に反比例し，電荷の大きさの積に比例することがわかっています。これを**クーロンの法則**(Coulomb's law)といい真空中の力はつぎの式で表されます。同種電荷間には反発

力(斥力)が，異種電荷間には引力が作用します。

$$f = \frac{q_1 \cdot q_2}{4\pi\varepsilon_0 r^2} \quad (\varepsilon_0 \text{は真空の誘電率})$$

図A.5●クーロンの法則

異種電荷間(＋と－の間)には引力が働き，同種電荷間(＋と＋の間や，－と－の間)には斥力が働く。

●エネルギー

エネルギー(energy) は化学的考察にとって特に大切な物理量ですから，イメージがわきやすいように説明したいと思います。

私たちはエネルギーという言葉を日常的に用いています。たとえば「最近エネルギー不足でやる気がでない」などというときの「エネルギー」の意味としては，「何かをする原動力」といったところでしょう。

物理量としての「エネルギー」の意味もこれとそれほど異なるものではありません。たとえば大きな石を動かす仕事があったとして，ある物体にこの仕事をする能力があれば「この物体はエネルギーをもつ」と表現します。たくさん仕事をできる能力があれば，それだけ多くのエネルギーをもっているわけです。

図A.6●仕事とエネルギー

●運動エネルギー

ここで，走っている人がスピードを緩めず大きな石にぶつかった場面を想像してみましょう。この衝突の結果，石は動いてしまうでしょう(図A.7)。

「石を動かせた」のですから，走っている人はエネルギーをもってい

図A.7● 運動している物体が石を動かす

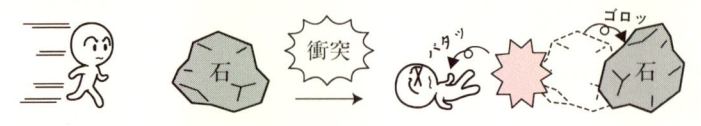

ることになります。このように，動いている物体がもっているエネルギーを**運動エネルギー**(kinetic energy)といいます。そして，運動エネルギー K は，質量 m，速度 $\boldsymbol{v}$ または運動量 $\boldsymbol{p}$ を用いて

$$K = \frac{1}{2}m|\boldsymbol{v}|^2 = \frac{|\boldsymbol{p}|^2}{2m}$$

と書けます。この式は覚えておくことが必要です。

●重力のポテンシャルエネルギー

つぎに，高い場所にいる人が石につながっているロープにぶら下がった場面を想像してください。石はどんどん動いてしまうことでしょう(図A.8)。

図A.8● 高い所に存在する物体が石を動かす

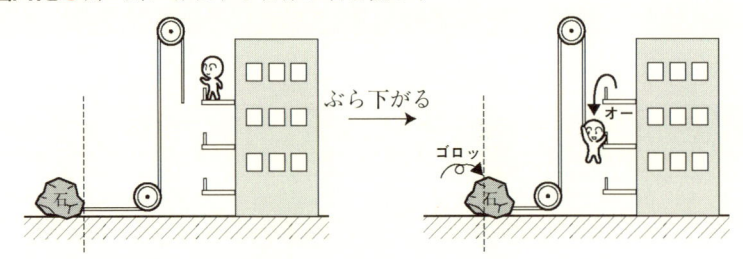

「石を動かせた」のですから，この人はエネルギーをもっていたことになります。そしてこのエネルギーは，高い場所にいたためにもっていたものです。

では，なぜ高い場所にいるとエネルギーをもつのでしょうか。これは，人が地球に重力で引かれていることと関係します。地球からの距離が遠い人，つまり，より高い場所にいる人の方が多くのエネルギーをもつことは容易に想像がつくでしょう。

このように，場所つまり位置によって定まるエネルギーを**ポテンシャルエネルギー（位置エネルギー）**（potential energy）といいます。高い場所にいる人は多くのポテンシャルエネルギーをもっているのです。

●電気力のポテンシャルエネルギー

地球と人間のように引力を及ぼし合う関係にあるものは，離れているほど多くのポテンシャルエネルギーをもちます。正電荷と負電荷もクーロン力で引き合いますから，電荷間距離が大きいほどポテンシャルエネルギーが大きくなります。一方，正電荷どうしや負電荷どうしには反発力が働きますから，電荷間距離が大きいほどポテンシャルエネルギーは小さくなります（図A.9）。

図A.9●電荷間のポテンシャルエネルギー

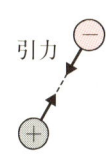

引力　正負電荷間の距離が大きいほど，ポテンシャルエネルギーは大きい。

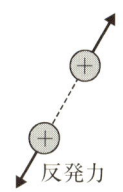

反発力　正電荷間（負電荷間）の距離が小さいほど，ポテンシャルエネルギーは大きい。

クーロン力を表すポテンシャルは**クーロンポテンシャル**（Coulomb potential）とよばれています。真空中に点電荷 q_1, q_2 が存在するとき，この系のポテンシャルエネルギー U の絶対値は，電荷の大きさの絶対値を $|q_1|, |q_2|$，電荷間距離を r としてつぎの式で表せます。U の符号は同種電荷間では＋，異種電荷間では－となります。

$$|U| = \frac{|q_1| \cdot |q_2|}{4\pi\varepsilon_0 r}$$

この式も覚えておかなければなりません。

また，運動エネルギーとポテンシャルエネルギーの和は**力学的エネルギー**（mechanical energy）とよばれます。

●単振動

最も簡単な振動運動の例として，一端が壁に固定されたバネの他端に

つないだ質量 m の質点の運動を考察してみましょう(図 A.10)。

図A.10 バネにつながれた質点

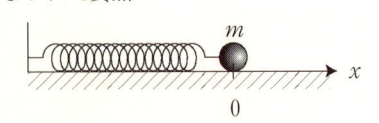

日常経験から明らかなように，質点を移動させてバネを伸ばすとバネは縮もうとして質点を引っ張り，逆に質点を移動させてバネを縮めるとバネは質点を押し返します。つまり，バネの**力の定数**を k，質点の位置座標を x としたとき，質点には

$$F = -kx$$

で表される力が働くのです。
この場合，運動方程式は

$$m\frac{d^2x}{dt^2} = -kx \quad \cdots\cdots ①$$

質点は周期的な往復運動をすると予想されるので x を周期関数として $x = A\cos\omega t$ (A は定数)とおいてみると

$$\frac{dx}{dt} = -\omega A \sin\omega t$$

$$\frac{d^2x}{dt^2} = -\omega^2 A \cos\omega t = -\omega^2 x \quad \cdots\cdots ②$$

①式と②式を比較すると，$\omega = \sqrt{k/m}$ を満たせば $x = A\cos\omega t$ がこの運動方程式の解となることがわかります。

このように，初期条件を適当にとればバネにつながれた質点の運動は

$$x = A\cos\omega t$$

で記述されることがわかります。この場合のように三角関数 cos または sin で表される振動が**単振動(simple harmonic oscillation)**，または**調和振動**とよばれる振動です。

この式の A は「振りの大きさ」を表しており**振幅(amplitude)**といいます。また，$\theta = \omega t$ はその時間における「振動の局面」を表しており**位相(phase)**とよばれます。$\theta = 0$ はバネが最も伸びきった局面($x =$

A)であり，$\theta=\pi/2$ はバネが自然長となる局面($x=0$)に対応しています。ω は単位時間あたりの位相の変化量であり**角振動数**(**angular frequency**)です。

図A.11●単振動における x の時間変化

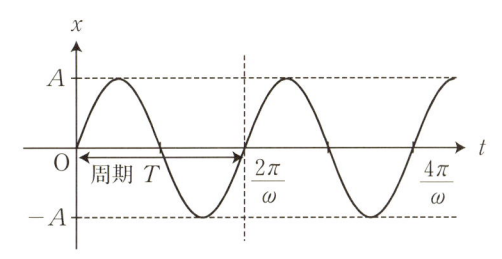

位相が 2π 変化すれば往復運動が 1 回完了しますから，単位時間あたりの往復運動の回数を意味する**振動数**(または**周波数**)(**frequency**)を ν とすると $2\pi\nu=\omega$ が成立します。したがって，振動数と角振動数との間には

$$\nu = \frac{\omega}{2\pi}$$

の関係があります。また，1 回の往復運動に要する時間である**周期**(**period**) T は

$$T = \frac{1}{\nu} = \frac{2\pi}{\omega}$$

と表されます。

●波動

空間中を伝わる振動を**波動**(**wave**)といいます。伝わっていく波の運動を表す方程式を**波動方程式**(**wave equation**)といい，振動する物理量を表す関数を $u(x,t)$ として，一般につぎの式で書けます。

$$\frac{\partial^2 u(x,t)}{\partial t^2} - v^2 \frac{\partial^2 u(x,t)}{\partial x^2} = 0 \quad \cdots\cdots ③$$

x 軸を正方向に進む波の場合 $u(x,t)$ は

$$u(x,t) = A\cos(kx - \omega t) \quad \cdots\cdots ④$$

と書けます。ここで A は振幅，ω は角振動数です。振動数 ν と ω との関係は
$$2\pi\nu = \omega$$
となります。

　また，波の山からつぎの山までの距離である**波長(wavelength)**を λ とすると，x が λ 大きいと位相が 2π 増しますから，④式より
$$k\lambda = 2\pi \quad \therefore \quad \lambda = \frac{2\pi}{k}$$
の関係が成立します。この k を**波数(wave number)**といいます。④式を③式に代入すると
$$v = \frac{\omega}{k} = \frac{\omega}{2\pi} \cdot \frac{2\pi}{k} = \nu\lambda$$
となることがわかります。この v は**位相速度(phase velocity)**とよばれています。

　③式を満たす関数 $u(x,t)$ は，④式だけでなくつぎのような複素数で書くこともできます。
$$u(x,t) = Ae^{i(kx-\omega t)} \quad \cdots\cdots ⑤$$
この場合，$u(x,t)$ の実数部(または虚数部)が実際の波動を表していると考えるのです。$e^{i\theta}=\cos\theta+i\sin\theta$ より，⑤式の実数部は④式と同じものになっています。

●電磁波

　電磁波(electromagnetic wave)は**電磁場(electromagnetic field)**の振動が波動として空間を伝わるものです。電磁波は光速度 c で進みますから，その振動数 ν と波長 λ の間にはつぎの関係式が成立します。
$$c = \nu\lambda$$
　電磁波には，波動性と粒子性の二重性があります。その意味で電磁波は光の粒子性を示す**光子(photon)**の集まりと考えることもできます。光子1個のエネルギーは

$$E = h\nu = \frac{hc}{\lambda}$$

であることがわかっていますから，振動数 ν の大きい，つまり短波長の電磁波ほど高エネルギーの電磁波といえます。短波長の電磁波には，紫外線，X 線，γ 線などがあります。

電磁波は波長によっていろいろな名称でよばれています(図 A.12)。これらの名称は量子化学において頻繁に登場しますから，波長とその名称を整理しておきましょう。日常的に使われている名称もかなりあることに気づくのではないでしょうか。何かと役に立ちますから，名称を覚えておくことを勧めます。

図A.12●電磁波の名称

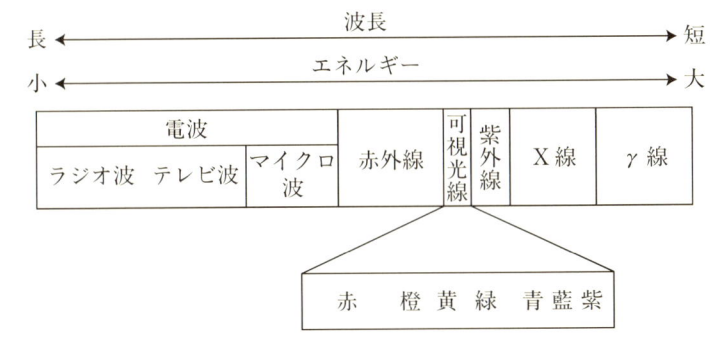

長 ←――――――― 波長 ―――――――→ 短
小 ←――――――― エネルギー ―――――――→ 大

電波			赤外線	可視光線	紫外線	X 線	γ 線
ラジオ波	テレビ波	マイクロ波					

可視光線: 赤　橙　黄　緑　青　藍　紫

●巻末表（電子配置の表）

	K	L		M			N				O				P			Q
	1s	2s	2p	3s	3p	3d	4s	4p	4d	4f	5s	5p	5d	5f	6s	6p	6d	7s
1 H	1																	
2 He	2																	
3 Li	2	1																
4 Be	2	2																
5 B	2	2	1															
6 C	2	2	2															
7 N	2	2	3															
8 O	2	2	4															
9 F	2	2	5															
10 Ne	2	2	6															
11 Na	2	2	6	1														
12 Mg	2	2	6	2														
13 Al	2	2	6	2	1													
14 Si	2	2	6	2	2													
15 P	2	2	6	2	3													
16 S	2	2	6	2	4													
17 Cl	2	2	6	2	5													
18 Ar	2	2	6	2	6													
19 K	2	2	6	2	6		1											
20 Ca	2	2	6	2	6		2											
21 Sc	2	2	6	2	6	1	2											
22 Ti	2	2	6	2	6	2	2											
23 V	2	2	6	2	6	3	2											
24 Cr	2	2	6	2	6	5	1											
25 Mn	2	2	6	2	6	5	2											
26 Fe	2	2	6	2	6	6	2											
27 Co	2	2	6	2	6	7	2											
28 Ni	2	2	6	2	6	8	2											
29 Cu	2	2	6	2	6	10	1											
30 Zn	2	2	6	2	6	10	2											
31 Ga	2	2	6	2	6	10	2	1										
32 Ge	2	2	6	2	6	10	2	2										
33 As	2	2	6	2	6	10	2	3										
34 Se	2	2	6	2	6	10	2	4										
35 Br	2	2	6	2	6	10	2	5										
36 Kr	2	2	6	2	6	10	2	6										
37 Rb	2	2	6	2	6	10	2	6			1							
38 Sr	2	2	6	2	6	10	2	6			2							
39 Y	2	2	6	2	6	10	2	6	1		2							
40 Zr	2	2	6	2	6	10	2	6	2		2							
41 Nb	2	2	6	2	6	10	2	6	4		1							
42 Mo	2	2	6	2	6	10	2	6	5		1							
43 Tc	2	2	6	2	6	10	2	6	5		2							
44 Ru	2	2	6	2	6	10	2	6	7		1							
45 Rh	2	2	6	2	6	10	2	6	8		1							
46 Pd	2	2	6	2	6	10	2	6	10									
47 Ag	2	2	6	2	6	10	2	6	10		1							
48 Cd	2	2	6	2	6	10	2	6	10		2							
49 In	2	2	6	2	6	10	2	6	10		2	1						
50 Sn	2	2	6	2	6	10	2	6	10		2	2						
51 Sb	2	2	6	2	6	10	2	6	10		2	3						

	K	L		M			N				O				P			Q
	1s	2s	2p	3s	3p	3d	4s	4p	4d	4f	5s	5p	5d	5f	6s	6p	6d	7s
52 Te	2	2	6	2	6	10	2	6	10		2	4						
53 I	2	2	6	2	6	10	2	6	10		2	5						
54 Xe	2	2	6	2	6	10	2	6	10		2	6						
55 Cs	2	2	6	2	6	10	2	6	10		2	6			1			
56 Ba	2	2	6	2	6	10	2	6	10		2	6			2			
57 La	2	2	6	2	6	10	2	6	10		2	6	1		2			
58 Ce	2	2	6	2	6	10	2	6	10	1	2	6	1		2			
59 Pr	2	2	6	2	6	10	2	6	10	3	2	6			2			
60 Nd	2	2	6	2	6	10	2	6	10	4	2	6			2			
61 Pm	2	2	6	2	6	10	2	6	10	5	2	6			2			
62 Sm	2	2	6	2	6	10	2	6	10	6	2	6			2			
63 Eu	2	2	6	2	6	10	2	6	10	7	2	6			2			
64 Gd	2	2	6	2	6	10	2	6	10	7	2	6	1		2			
65 Tb	2	2	6	2	6	10	2	6	10	9	2	6			2			
66 Dy	2	2	6	2	6	10	2	6	10	10	2	6			2			
67 Ho	2	2	6	2	6	10	2	6	10	11	2	6			2			
68 Er	2	2	6	2	6	10	2	6	10	12	2	6			2			
69 Tm	2	2	6	2	6	10	2	6	10	13	2	6			2			
70 Yb	2	2	6	2	6	10	2	6	10	14	2	6			2			
71 Lu	2	2	6	2	6	10	2	6	10	14	2	6	1		2			
72 Hf	2	2	6	2	6	10	2	6	10	14	2	6	2		2			
73 Ta	2	2	6	2	6	10	2	6	10	14	2	6	3		2			
74 W	2	2	6	2	6	10	2	6	10	14	2	6	4		2			
75 Re	2	2	6	2	6	10	2	6	10	14	2	6	5		2			
76 Os	2	2	6	2	6	10	2	6	10	14	2	6	6		2			
77 Ir	2	2	6	2	6	10	2	6	10	14	2	6	7		2			
78 Pt	2	2	6	2	6	10	2	6	10	14	2	6	9		1			
79 Au	2	2	6	2	6	10	2	6	10	14	2	6	10		1			
80 Hg	2	2	6	2	6	10	2	6	10	14	2	6	10		2			
81 Tl	2	2	6	2	6	10	2	6	10	14	2	6	10		2	1		
82 Pb	2	2	6	2	6	10	2	6	10	14	2	6	10		2	2		
83 Bi	2	2	6	2	6	10	2	6	10	14	2	6	10		2	3		
84 Po	2	2	6	2	6	10	2	6	10	14	2	6	10		2	4		
85 At	2	2	6	2	6	10	2	6	10	14	2	6	10		2	5		
86 Rn	2	2	6	2	6	10	2	6	10	14	2	6	10		2	6		
87 Fr	2	2	6	2	6	10	2	6	10	14	2	6	10		2	6		1
88 Ra	2	2	6	2	6	10	2	6	10	14	2	6	10		2	6		2
89 Ac	2	2	6	2	6	10	2	6	10	14	2	6	10		2	6	1	2
90 Th	2	2	6	2	6	10	2	6	10	14	2	6	10		2	6	2	2
91 Pa	2	2	6	2	6	10	2	6	10	14	2	6	10	2	2	6	1	2
92 U	2	2	6	2	6	10	2	6	10	14	2	6	10	3	2	6	1	2
93 Np	2	2	6	2	6	10	2	6	10	14	2	6	10	4	2	6	1	2
94 Pu	2	2	6	2	6	10	2	6	10	14	2	6	10	6	2	6		2
95 Am	2	2	6	2	6	10	2	6	10	14	2	6	10	7	2	6		2
96 Cm	2	2	6	2	6	10	2	6	10	14	2	6	10	7	2	6	1	2
97 Bk	2	2	6	2	6	10	2	6	10	14	2	6	10	9	2	6		2
98 Cf	2	2	6	2	6	10	2	6	10	14	2	6	10	10	2	6		2
99 Es	2	2	6	2	6	10	2	6	10	14	2	6	10	11	2	6		2
100 Fm	2	2	6	2	6	10	2	6	10	14	2	6	10	12	2	6		2
101 Md	2	2	6	2	6	10	2	6	10	14	2	6	10	13	2	6		2
102 No	2	2	6	2	6	10	2	6	10	14	2	6	10	14	2	6		2
103 Lr	2	2	6	2	6	10	2	6	10	14	2	6	10	14	2	6	1	2

索引 INDEX

ア

異核二原子分子　146
位相　182
位相速度　184
位置エネルギー(ポテンシャルエネルギー)　181
上向きスピン　101
運動エネルギー　180
運動の法則　176
運動量　177
永年方程式　112
エネルギー　179
エネルギー準位　27
エルミート多項式　64
演算子　36

カ

回転量子数　80
角運動量　177
角運動量演算子　75
角振動数　183
重なり積分　112
加速度　176
価電子　15
換算質量　66
干渉　46
規格化　46
基底関数　110
基底状態　13
軌道角運動量　75
球座標　69
球面調和関数　74
共鳴エネルギー(非局在化エネルギー)　16, 166

共鳴構造　16
共鳴混成体　16
共鳴積分　118
極座標　69
巨視的　22
共役系　164
共役二重結合　164
共有結合　14
共有電子対　14
行列力学　33
極限構造　16
空軌道　148
クーロン積分　118
クーロンの法則　178
クーロンポテンシャル　181
クーロン力　178
結合次数　138
結合性軌道　119
結合領域　121
原子　10
原子核　10
原子価殻電子対反発理論(VSEPR)　17
原子軌道(AO)　84
光子　34, 184
構成原理　102
構造式　15
古典物理学　22
古典力学　176
固有関数　51
固有値　51
混成軌道　152

サ

最高被占軌道(HOMO)　148
最低空軌道(LUMO)　148
三重結合　16
時間を含まないシュレーディンガー方程式　38
時間を含むシュレーディンガー方程式

37
磁気量子数　84
試験関数　108
下向きスピン　101
周期　183
周波数　183
縮重　62
縮退　62
主量子数　84
シュレーディンガー方程式　36
昇位　151
振動子　63
振動数　183
振幅　182
水素様原子　82
スピン角運動量　100
スピン磁気量子数　100
スピン量子数　100
スペクトル　23
節　60
遷移　26
前期量子論　26
線形結合　110
速度　176

タ・ナ

単結合　15
単純ヒュッケル法　167
単振動　182
力の定数　182
中性子　10
調和振動　182
調和振動子　63
定常状態　26
定常状態のシュレーディンガー方程式　38
定常波　34
電子　10
電子殻　12, 85
電子軌道　12

電子スピン　100
電磁波　184
電磁場　184
等核二原子分子　139
独立電子近似　96
二重結合　15
二重性　33
ニュートンの運動方程式　176

ハ

パウリの排他原理　101
波数　184
波長　184
発光スペクトル　24
パッシェン系列　24
波動　183
波動関数　36
波動方程式　35, 183
波動力学　33
ハミルトニアン　36
バルマー系列　24
反結合性軌道　120
反結合領域　121
半占軌道(SOMO)　148
非共有電子対　14
非局在化　165
非局在化エネルギー(共鳴エネルギー)　16, 166
非結合性軌道　148
微視的　22
被占軌道　148
不確定性原理　45
複素共役　44
複素数　44
不対電子　14
物質波　34
プランク定数　26
フロンティア軌道　149
分光　23
分子軌道(MO)　107

索引　189

分子軌道法　107
フントの規則　102
変分原理　108
変分法　108
ボーア半径　29
方位量子数　84
ポテンシャルエネルギー(位置エネルギー)　181

ヤ・ラ

陽子　10
ライマン系列　24
ラゲールの多項式　84
ラプラシアン　37
力学的エネルギー　181
リッツの変分法　110
リュードベリ定数　25
リュードベリの公式　25
量子化　27
量子条件　27
量子物理学　22
量子力学　22
ルイス構造式　15
ルジャンドリアン　73
励起　66
励起状態　14
零点運動　58
零点エネルギー　58

欧文・数字

1電子結合　123
AO(原子軌道)　84
d軌道　12
HOMO(最高被占軌道)　148
K殻　12
LCAO法　117
LUMO(最低空軌道)　148
L殻　12
MO(分子軌道)　107
M殻　12
π型の重なり　129
p軌道　12
σ型の重なり　129
σ軌道　138
SOMO(半占軌道)　148
sp混成軌道　152
sp^2混成軌道　155
sp^3混成軌道　157
s軌道　12
VSEPR(原子価殻電子対反発理論)　17

著者紹介

福間 智人
ふくま ちひと

1971 年　大阪生まれ
1996 年　東京大学教養学部基礎科学科第一学科卒業
1996 年-2004 年　駿台予備学校化学科講師

NDC 431　190 p　21 cm

単位が取れるシリーズ

単位が取れる量子化学ノート

2004 年 10 月 20 日　第 1 刷発行
2024 年 5 月 24 日　第17刷発行

著　者	福間智人	
発行者	森田浩章	
発行所	株式会社　講談社	KODANSHA
	〒 112-8001　東京都文京区音羽 2-12-21	
	販売　(03)5395-4415	
	業務　(03)5395-3615	
編　集	株式会社　講談社サイエンティフィク	
	代表　堀越俊一	
	〒 162-0825　東京都新宿区神楽坂 2-14　ノービィビル	
	編集　(03)3235-3701	
印刷所	株式会社ＫＰＳプロダクツ	
製本所	株式会社国宝社	

落丁本・乱丁本は，購入書店名を明記のうえ，講談社業務宛にお送りください。送料小社負担にてお取り替えします。
なお，この本の内容についてのお問い合わせは講談社サイエンティフィク宛にお願いいたします。
定価はカバーに表示してあります。

© Chihito Fukuma, 2004

本書のコピー，スキャン，デジタル化等の無断複製は著作権法上での例外を除き禁じられています。本書を代行業者等の第三者に依頼してスキャンやデジタル化することはたとえ個人や家庭内の利用でも著作権法違反です。

[JCOPY] 〈(社)出版者著作権管理機構　委託出版物〉
複写される場合は，その都度事前に(社)出版者著作権管理機構(電話 03-5244-5088, FAX 03-5244-5089, e-mail:info@jcopy.or.jp)の許諾を得て下さい。

Printed in Japan

ISBN 4-06-154458-6

講談社の自然科学書

これで単位は落とさない！
単位が取れるシリーズ

単位が取れる 量子化学ノート
福間 智人・著　A5・190頁・定価2,640円

単位が取れる 有機化学ノート
小川 裕司・著　A5・222頁・定価2,860円

単位が取れる 物理化学ノート
吉田 隆弘・著　A5・186頁・定価2,640円

単位が取れる 力学ノート
橋元 淳一郎・著　A5・189頁・定価2,640円

単位が取れる 熱力学ノート
橋元 淳一郎・著　A5・204頁・定価2,640円

単位が取れる 量子力学ノート
橋元 淳一郎・著　A5・270頁・定価3,080円

単位が取れる 解析力学ノート
橋元 淳一郎・著　A5・175頁・定価2,640円

単位が取れる 電磁気学ノート
橋元 淳一郎・著　A5・238頁・定価2,860円

単位が取れる 微積ノート
馬場 敬之・著　A5・205頁・定価2,640円

単位が取れる 線形代数ノート　改訂第2版
齋藤 寛靖・著　A5・250頁・定価2,640円

単位が取れる 微分方程式ノート
齋藤 寛靖・著　A5・204頁・定価2,640円

単位が取れる 統計ノート
西岡康夫・著　A5・220頁・定価2,640円

※表示価格には消費税（10%）が加算されています。
「2024年4月現在」
講談社サイエンティフィク　http://www.kspub.co.jp/